Jörn Oerzen

Energiesparmaßnahmen für Mehrfamilienhäuser

Sanierung von Gebäuden im Bestand

Oerzen, Jörn: Energiesparmaßnahmen für Mehrfamilienhäuser: Sanierung von Gebäuden im Bestand, Hamburg, Igel Verlag RWS 2014

Buch-ISBN: 978-3-95485-116-4
PDF-eBook-ISBN: 978-3-95485-616-9
Druck/Herstellung: Igel Verlag RWS, Hamburg, 2014

Bibliografische Information der Deutschen Nationalbibliothek:
Die Deutsche Nationalbibliothek verzeichnet diese Publikation in der Deutschen Nationalbibliografie; detaillierte bibliografische Daten sind im Internet über http://dnb.d-nb.de abrufbar.

Hermannstal 119k, 22119 Hamburg
http://www.diplomica.de, Hamburg 2014
Printed in Germany

Inhaltsverzeichnis

Abbildungsverzeichnis

Abkürzungsverzeichnis

IWU	Darmstädter Institut für Wohnen und Umwelt
EnEG	Energieeinspargesetz
WschV	Wärmeschutzverordnung
HeizAnlV	Heizungsanlagenverordnung
kW	Kilowatt
DIN	Deutsche Industrie Norm
NABau	Normenausschüsse Bauwesen
NHRS	Heiz- und Raumlufttechnik
FNL	Lichttechnik
EPBD	Europäisches Parlament über die Gesamteffizienz von Gebäuden
EU	Europäische Union
EnEV	Energieeinsparverordnung
A	Wärmeübertragende Umfassungsfläche
V_e	Beheiztes Gebäudevolumen
WDVS	Wärmedämmverbundsystem
WRG	Wärmerückgewinnung
KWK	Kraft-Wärme-Kopplung
BAFA	Bundesamt für Wirtschaft und Ausfuhrkontrolle
BMWi	Bundesministerium für Wirtschaft und Technologie
AW	Außenwand
LF	Lüftung
V&R	Verteilung und Raumregelung
HZG	Heizung (Verbrennungs- und Stillstandsverluste)
WW	Warmwasser
LAS	Luft-Abgas-System
EEG	Erneuerbare Energien Gesetz
MwSt.	Mehrwertsteuer

1. Einführung

1.1 Einleitung

In Zeiten sich immer weiter verknappender fossiler Energieträger und durch Schadstoffausstoß zunehmender Umweltbelastung, reicht das Umweltbewusstsein Einzelner nicht mehr aus. Vielmehr ist politischer Handlungsbedarf notwendig. Die Umweltpolitik nimmt in den Bereichen Einfluss in denen Energie verbraucht wird. Mit der Energieeinsparverordnung (EnEV) werden verschärfte Werte für den Energiebedarf sowie für die baulichen Konstruktionen gefordert. Aufgrund der langen Nutzungsdauer von Gebäuden ist eine ökologische und ökonomische Planung und Ausführung nicht nur bei Neubauten, sondern vor allem bei Sanierungen von Gebäuden im Bestand sehr wichtig, da hierbei der Energiebedarf für die nächsten Jahre festgelegt wird.

1.2 Zielsetzung

Die Arbeit soll einen Überblick über die rechtlichen Normen und Möglichkeiten der energieeinsparenden Maßnahmen, sowie deren Wirtschaftlichkeit erläutern. Dieser Überblick wird mit Hilfe verschiedener Sanierungsmaßnahmen am Beispiel eines Mehrfamilienhauses dargestellt.

1.3 Vorgehensweise

In der Ausarbeitung wird, um die Randbedingungen für die energetische Sanierung des Mehrfamilienhauses festzulegen, auf die betreffenden Verordnungen eingegangen. Anschließend folgt ein Überblick über die Energiebilanz und die entsprechenden Methoden. Danach werden bauliche und technische energieeinsparende Maßnahmen vorgestellt. Die Verfahren der Wirtschaftlichkeitsberechnungen werden im darauf folgenden Teil dargestellt, bevor auf die verfügbaren Förderprogramme eingegangen wird. Bei der Erstellung der Varianten wurde besonderes Augenmerk auf die Einhaltung der Energieeinsparverordnung sowie der Förderfähigkeit durch besonders attraktive Programme gelegt. Die Energiekennzahlen fließen zusammen mit den ermittelten Investitionskosten in die Wirtschaftlichkeitsberechnung ein, die letztendlich die Rentabilität der einzelnen Varianten darstellt.

2. Bedarf an energetischen Sanierungen

Durch den ständigen Ausstoß von Treibhausgasen, vor allem Kohlendioxid, ist das Gleichgewicht der Ökosysteme sowie auch die Bevölkerung durch eine seit mehreren Jahrzehnten anhaltenden Klimaänderung in Form der Erderwärmung gefährdet. In Anbetracht der nur begrenzten Mengen an Primärenergien, wie Öl, Gas, Kohle und Uran, sollten Techniken an Bedeutung gewinnen, die energieeffizienter sind.[1]

In Deutschland wird fast ein Drittel der Energie durch private Haushalte verbraucht. Davon wiederum werden 57% zur Beheizung der Gebäude sowie zur Warmwasserbereitung benötigt. Die anderen beiden Großverbraucher, Industrie und Verkehr, benötigen 42 bzw. 28% der in Deutschland verbrauchten Energie.[2] Die Aufteilung nach Energieträgern ist in Abbildung 1 zu sehen.

Ein erheblicher Anteil der Energie in privaten Haushalten geht bei der Erzeugung aufgrund veralteter Heizungsanlagen oder über eine schlecht gedämmte Gebäudehülle verloren. Eine Studie des Darmstädter Instituts für Wohnen und Umwelt (IWU) hat ergeben, dass mit den derzeit zur Verfügung stehenden technischen Mitteln im Altbau eine Kohlendioxideinsparung von bis zu 70% möglich wäre, im Neubaubereich sind es sogar bis zu 90%.[3]

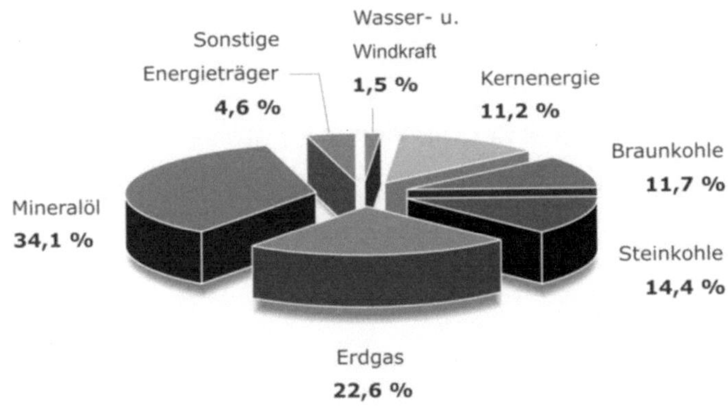

Abbildung 1: Primärenergieverbrauch in Deutschland 2007[4]

[1] Vgl. Liersch, K.; Langner, N.: ENEV-Praxis - Die neue Energieeinsparverordnung, leicht und verständlich dargestellt, 2002, S.11.
[2] Vgl. A.a.O., S.12.
[3] Vgl. WWF; Klimaschutz in Deutschland: Häuser fürs Klima, 1997, S.3.
[4] Vgl. http://www.bgr.bund.de/DE/Themen/CO2-Speicherung/Bilder/faq__3__g, property=default.jpg, Aufruf vom 23.11.2008.

Im Jahr 1997 haben 39 Industrieländer das Protokoll von Kyoto unterschrieben mit der Verpflichtung, die Emissionen der Treibhausgase bis 2012 um 5,2% zu senken. Deutschland will von dieser Senkung 21% übernehmen.

Die Bundesrepublik selbst hat sich zum Ziel gesetzt, bis 2010 die Kohlendioxidemissionen um 25% zu senken. Dieses Ziel ist heute schon fast erreicht. In beiden Fällen ist die Reduktion auf das Basisjahr 1990 bezogen. Die CO2-Reduktion vollzieht sich langsamer als erwartet, woraufhin die Bundesregierung mit einigen Maßnahmen reagiert hat, um das Ziel doch noch zu erreichen. Dazu gehören z.B. die ökologische Steuerreform, das Gesetz der erneuerbaren Energien, das 100.000 Dächer-Programm und das Kraft-Wärme-Kopplungs-Gesetz.[5,6]

Somit ist zu sagen, dass ein zentraler Hebel zur schnellen Senkung des Energieverbrauchs die Steigerung der Effizienz ist. Zusätzliches Potenzial bietet hierbei die verstärkte Nutzung der Kraft-Wärme-Kopplung zur parallelen Strom- und Wärmeerzeugung.[7]

2.1 Gebäudebestand in Deutschland

Der Gebäudebestand in Deutschland ist stark überaltert. Etwa 90 % der bestehenden Wohngebäude wurden vor dem Inkrafttreten der ersten Wärmeschutzverordnung erstellt, folglich ohne entsprechende Maßnahmen zum verantwortungsvollen Umgang mit Energieressourcen. Diese Tatsache allein zeigt bereits, wie hoch das Potential der möglichen Energieeinsparung ist. Die Abbildung 2 zeigt, wie viele Wohneinheiten in Deutschland innerhalb der letzten Jahre errichtet wurden:

[5] Vgl. Hegner, H; Vogler,I.: Energieeinsparverordnung EnEV – für die Praxis kommentiert, 2002, S.3ff.
[6] Siehe Kapitel 5.8.3.
[7] Vgl. Kleemann, Michael: Regenerative Energiequellen, 2000, S.22.

	Deutschland		früheres Bundesgebiet		neue Bundesländer/ Berlin Ost	
Wohneinheiten insgesamt	38.689,8	100%	30.987,8	100%	7.702,0	100%
davon errichtet von - bis						
bis 1900	3.267,4	8%	2.223,8	7%	1.043,6	14%
1901 - 1918	2.629,4	7%	1.823,5	6%	805,9	10%
1919 - 1948	4.970,8	13%	3.524,1	11%	1.446,7	19%
1949 - 1978	18.094,5	47%	16.024,1	52%	2.070,4	27%
1979 - 1986	4.189,8	11%	3.236,8	10%	953,0	12%
1987 - 1990	1.236,9	3%	915,2	3%	321,7	4%
1991 - 2000	4.003,6	10%	3.000,8	10%	1.002,8	13%
2001 und später	297,4	1%	239,5	1%	57,9	1%

Abbildung 2: Wohneinheiten nach Baujahr in Tsd.[8]

2.2 Energiepreisentwicklung

Die Preise für Energie in Deutschland sind preisgünstiger als sie ihrem Wert entsprechen. Der Preis für den Liter Heizöl liegt, nicht nur wegen der momentanen Wirtschaftskrise, nominal auf dem Niveau von vor ca. 20 Jahren. Verglichen mit dem Lohnkostenindex wäre er momentan auf dem Niveau von Dieselkraftstoff, also ca. 1,10 €/l. Tatsächlich liegt er aber derzeit zwischen 0,30 und 0,40 €/l.[9]

Die Liberalisierung des Strommarktes hat zunächst dazu geführt, dass die Preise gesunken sind. Der Wettbewerb bei den Gasanbietern hatte ebenso zur Folge, dass es mittlerweile immer größere Verhandlungsspielräume gibt.[10]

Dennoch sind die Energiepreise der Zukunft relativ unsicher. Das zukünftige Preisniveau für Öl, Gas und Strom wird sich an dem Kostenniveau der zur Verfügung stehenden alternativen Energieträger ausrichten und langfristig weiter ansteigen.[11]

[8] Vgl. Statistisches Bundesamt, eigene Bearbeitung.
[9] Vgl. Jagnow, K.; Horschler, S.; Wolff, D.: Die neue Energieeinsparverordnung, 2002, S.28.
[10] Vgl. BMWA: Energiedaten, 2008, S.32.
[11] Vgl. Statistisches Bundesamt: Energieverbrauchsprognose für Deutschland, 2008.

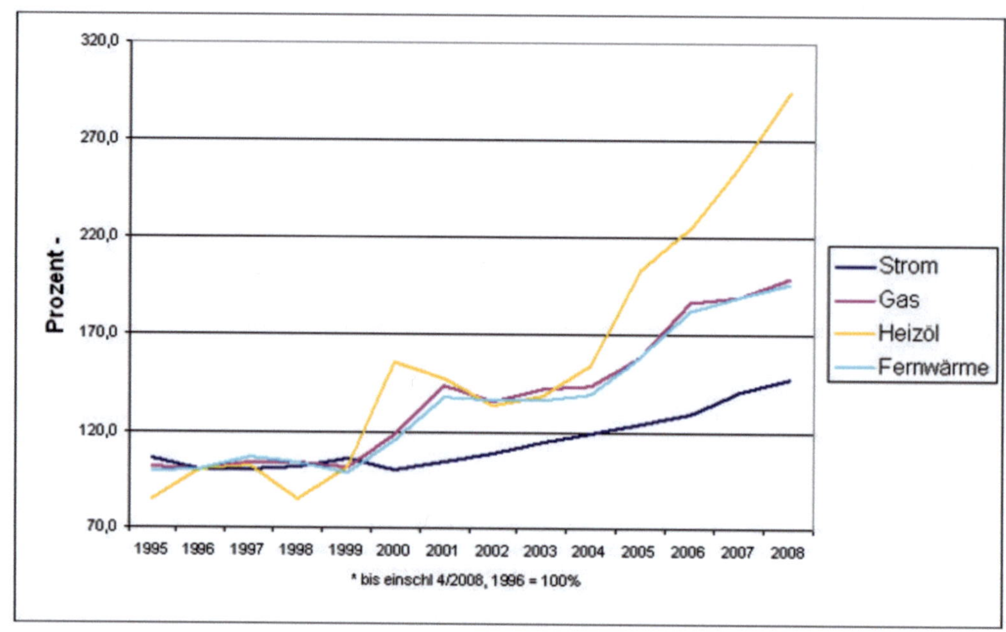

Abbildung 3: Energiepreisentwicklung in Deutschland [12]

[12] Vgl. A.a.O.

3. Gesetze und Verordnungen

Nach der ersten Ölkrise von 1973 stand zunächst nicht der Gedanke des Klimaschutzes im Vordergrund, sondern vielmehr die Angst um die Verknappung und Endlichkeit der fossilen Brennstoffe. Diese Einsicht führte zu einem ersten Gesetz, dem Energieeinsparungsgesetz, aus dem Jahr 1976.[13] In den nächsten Dekaden wurden weitere Gesetze und Verordnungen verfasst und überarbeitet, in denen der Umweltschutz immer stärker in den Vordergrund gerückt wurde.

3.1 Energieeinsparungsgesetz (EnEG)

Im Jahr 1976 wurde das Energieeinspargesetz verabschiedet und 1980 nochmals modifiziert. Die Gründe hierfür waren zum einen eine gesetzliche Grundlage zur CO_2- Emissionsreduzierung zu schaffen, aber auch der Wunsch, sich von der Abhängigkeit importierter Energieträger zu lösen.

Das EnEG dient als Grundlage für die später entstandenen Verordnungen wie der Wärmeschutzverordnung, Heizungsanlagenverordnung, Verordnung über Heizkostenabrechnung und den Verordnungen über Kleinfeuerungs-/Feuerungsanlagen.[14]

Die Bundesregierung wird darin ermächtigt, bei Gebäuden, die beheizt oder gekühlt werden müssen, Anforderungen an die baulichen Anlagen zu stellen, die der Beheizung, Kühlung oder der Erwärmung von Brauchwasser dienen. Die ökonomische Bewirtschaftung eines Gebäudes soll darunter jedoch nicht leiden. Die höheren Investitionen sollten sich während der Restnutzungsdauer eines Gebäudes über die eingesparten Energiekosten amortisieren. Diese Wirtschaftlichkeitsklausel bezieht sich sowohl auf Neubauten, als auch auf den Gebäudebestand.[15]

3.2 Wärmeschutzverordnung (WschV)

Zu den wichtigsten Verordnungen, die aus dem Energieeinsparungsgesetz vom 22. Juli 1976 hervorgingen, zählt die Wärmeschutzverordnung. Ca. 90% aller

[13] Vgl. Usemann, K. W.: Die Wärmeschutzverordnung (WSVO) für Gebäude, 1995, S.1.
[14] Vgl. Dirk, R.: Energieeinsparverordnung 2002 Schritt für Schritt, 2002, S.1.
[15] Vgl. Hegner, H; Vogler,I.: Energieeinsparverordnung EnEV, 2007, S.7.

Wohnungen der Bundesrepublik Deutschland wurden vor 1978[16] und damit vor dem Inkrafttreten der 1. Wärmeschutzverordnung erstellt und weisen einen höchst unzureichenden Wärmeschutz auf. Diese Erkenntnis schlägt sich auch im Durchschnittsverbrauch aller Wohnungen mit 217 kWh/(m²a) für die Raumheizung nieder. In den neuen Bundesländern liegen noch höhere Durchschnittsverbräuche mit 282 kWh/(m²a) vor.[17] In den Jahren 1984 und 1995 wurde die Verordnung ein weiteres Mal überarbeitet, um den Einzelanforderungen verschiedener Bauteile zu genügen.

3.3 Heizungsanlagenverordnung und Heizungsbetriebsverordnung

Im Jahr 1978 entstanden die Heizungsbetriebsverordnung und die Heizungsanlagenverordnung (HeizAnlV). 1989 wurde die zunächst selbstständige Heizungsbetriebsverordnung in die Heizungsanlagenverordnung integriert. Die Heizungsanlagenverordnung wurde annähernd parallel zur WschV verabschiedet und novelliert. Sie enthält Einzelanforderungen an die heizungstechnischen Anlagen sowie an die Warmwasseranlagen.[18]

Die Tabelle auf der folgenden Seite zeigt noch einmal eine chronologische Übersicht der Verordnungen.

---

[16] Siehe Abbildung 2.
[17] Vgl. Usemann, Klaus: Energieeinsparende Gebäude und Anlagentechnik, 2005, S.48.
[18] Vgl. Jagnow, Horschler, Wolff: Die neue Energieeinsparverordnung, 2002, S.35.

Jahr	Wärmeschutzverordnung	Heizanlagen-Verordnung	Heizungsbetriebsverordnung
1977	*WschV 77* Anforderungen an den mittleren Wärmedurchgangskoeffizienten der wärmeübertragenden Umfassungsfläche und der Fassade von Neubauten, Begrenzung von Undichtheiten		
1978		*HeizAnlV 78* Anforderungen an Einbau und Aufstellung von Wärmeerzeugern, Einrichtungen zur Steuerung und Regelung, Dämmung von Rohrleitungen, Begrenzung der Brauchwassertemperatur	Anforderungen an die Begrenzung der Abgasverluste, Bedienung, Wartung, Instandsetzung, Voreinstellung der Wasservolumenströme
1982	*WschV 82* Inkrafttreten 1984 20-25% Energieeinsparung zur WschV 77 - Einbeziehung bestehender Gebäude - Erhöhtes Anforderungsniveau für Neubauten - Anforderungen an den sommerlichen Wärmeschutz - Regelung für Flächenheizungen	*HeizanlV 82* - Begrenzung der Nennwärmeleistung in Abhängigkeit vom Wärmebedarf - Einbeziehung bestehender Gebäude, insbesondere nachträgliche Ausstattung mit Regelung - Begrenzung von Betriebsbereitschaftsverlusten	
1989		*HeizanlV 89* Zusammenfassung der Heizungsbetriebs-Verordnung und Heizungsanlagen-Verordnung, Abgleich mit den Regelungen der 1. BImschV Nachrüstungsregelungen	Ausserkrafttreten
1994	*WschV 95* 30% Energieeinsparung zur *WschV 82* - Energiebilanzverfahren, Einbeziehung der Lüftungswärmeverluste, der inneren und solaren Wärmegewinne - Erhöhtes Anforderungsniveau - Erweiterung des Anwendungsbereiches - Ausweitung der Regelungen an bestehenden Gebäuden - Detailregelungen für bestimmte Bauteile	*HeizAnlV 94* Umsetzung der EU-Heizkesselwirkungsgrad-Richtlinie und Verschärfung der Anforderungen: - Neuregelung der Inbetriebnahme von Kesseln - Umsetzung der Wirkungsgradanforderungen - weitere Nachrüstungsvorschriften - Reduzierung[19] des Betriebsstromverbrauches von Pumpen - Förderung der Brennwerttechnik	

Abbildung 4: Chronologische Verordnungsübersicht

3.4 Energieeinsparverordnung

Die neue Energieeinsparverordnung (EnEV) ist am 1.Oktober 2002 in Kraft getreten und löste die Wärmeschutzverordnung und die Heizungsanlagenverordnung ab.

[19] Vgl. Hegner, H; Vogler,I.: Energieeinsparverordnung EnEV – für die Praxis kommentiert, 2002, S.18f.

Mit der Energieeinsparverordnung verlor somit sowohl die Wärmeschutzverordnung als auch die Heizanlagenverordnung ihre Gültigkeit.

Die Novellierung der Verordnung wurde notwendig, mit dem Ziel die Anforderungen der EU-Richtlinie 2002/91/EG[20] über die „Gesamtenergieeffizienz von Gebäuden" (EU-Gebäuderichtlinie) in deutsches Recht umsetzen zu können.

Die EU-Gebäuderichtlinie hat das Ziel, die Energieeffizienz von Gebäuden in allen Mitgliedsstaaten der Europäischen Union zu steigern und damit die hohen Einsparpotenziale im Gebäudebereich für die Ziele des Klimaschutzes, aber auch der Versorgungssicherheit zu aktivieren.

Die Anforderungen der EU-Gebäuderichtlinien waren in Deutschland bereits zum Teil 2002 erfüllt. Ein Regelungsbedarf ergab sich daher nur bezüglich der Einführung von Energieausweisen für Bestandsgebäude, der Berücksichtigung von Klimatisierung und Beleuchtung im Bereich der Nichtwohngebäude sowie der regelmäßigen Inspektionen von Klima- und Lüftungsanlagen.

3.4.1 Inhalte und Schwerpunkte

Die EnEV ist in sechs Abschnitte mit fünf Anhängen unterteilt:

- Abschnitt 1: Allgemeine Vorschriften
- Abschnitt 2: Zu errichtende Gebäude
- Abschnitt 3: Bestehende Gebäude und Anlagen
- Abschnitt 4: Heizungstechnische Anlagen, Warmwasseranlagen
- Abschnitt 5: Gemeinsame Vorschriften, Ordnungswidrigkeiten
- Abschnitt 6: Schlussbestimmungen

- Anhang 1: Anforderungen an zu errichtende Gebäude mit normalen Innentemperaturen (zu § 3)
- Anhang 2: Anforderungen an zu errichtende Gebäude mit niedrigen Innentemperaturen (zu § 4)

[20] Vgl. Herzog, F., Herzog, R.: Bauen heute – Altbauten, Neubauten und Bewertungs-kriterien, 2006, S. 24.

- Anhang 3: Anforderungen bei Änderung von Außenbauteilen bestehender Gebäude (zu § 8 Abs. 1) und bei Errichtung von Gebäuden mit geringem Volumen (zu § 7)
- Anhang 4: Anforderungen an die Dichtheit und den Mindestluftwechsel (zu § 5)
- Anhang 5: Anforderung zur Begrenzung der Wärmeabgabe von Wärmeverteilungs- und Warmwasserleitungen sowie Armaturen (zu § 12 Abs. 5)

Die EnEV bezieht sich auf sämtliche Gebäudetypen, die beheizt werden müssen. Dabei wird in Gebäuden mit normalen bzw. mit niedrigen Innentemperaturen unterschieden. Der Regelungsbereich bezieht sich sowohl auf zu errichtende Gebäude als auch auf Maßnahmen im Bestand. Heizungs-, raumlufttechnische und warmwasserbereitende Anlagen sind dabei inbegriffen. Die EnEV betrachtet den Wärmeschutz und die technischen Anlagen im Gegensatz zur Wärmeschutzverordnung als ganze Einheit. Ein Gebäude wird nicht mehr mit dem Heizwärmebedarf (WschV) gekennzeichnet, sondern die einzelnen Anteile für Heizung, Lüftung und Warmwasser werden zum Gesamtheizenergiebedarf zusammengefasst.

Um dem Endverbraucher zu ermöglichen und den Gesamtheizenergiebedarf eines Gebäudes nachzuvollziehen, werden die einzelnen Bedarfsanteile in einem Energiepass zusammengestellt.[21]

3.4.2 Anforderungen an bestehende Gebäude

Bei den Anforderungen der EnEV an bestehende Gebäude ist zwischen Anbauten bzw. Erweiterungen, wesentlichen Änderungen eines Gebäudes, Bauteiländerungen und der Heizungsmodernisierung zu unterscheiden.

3.4.2.1 Anbau und Erweiterungen

Die Erweiterung eines Gebäudes im Sinne eines Anbaus stellt eine Ausnahme bei den bestehenden Gebäuden dar. Er muss nach der EnEV die Anforderungen für Neubauten erfüllen, sofern er in das beheizte

[21] Vgl. Liersch, K.; Langner, N.: ENEV-Praxis Die neue Energieeinsparverordnung: leicht und verständlich dargestellt, 2002, S.15f.

Gebäudevolumen einzubeziehen ist und ein Volumen von mindestens 30 m³ aufweist, was bei üblichen Geschosshöhen etwa 10 m² Fläche entspricht. Eine weitere Möglichkeit der Erweiterung, ohne die äußere Gestalt eines Gebäudes zu verändern, kann der Ausbau des Daches sein. Auch in diesem Fall sind die Bestimmungen für den Neubau gültig. Allerdings wird bei Erweiterungen kein Energiebedarfsausweis fällig, sofern der hinzukommende Teil unter 50% des zuvor beheizten Volumens bleibt.[22]

3.4.2.2 Wesentliche Änderungen am Gebäude

Eine erhebliche Änderung liegt vor, wenn innerhalb eines Jahres drei bauliche Maßnahmen nach Anhang 3 Nr.1 bis 5 EnEV umgesetzt werden. Diese Bauteilmaßnahmen sind Außenwände; Fenster, Fenstertüren, Dachflächenfenster; Außentüren; Decken, Dächer, Dachschrägen, Wände und Decken gegen unbeheizte Räume und gegen Erdreich im Zusammenhang mit einer Heizungsmodernisierung. Ebenso liegt eine wesentliche Änderung vor, wenn das beheizte Volumen um mehr als 50% erweitert wird. In beiden Fällen sind Planungsleistungen erforderlich, wobei davon auszugehen ist, dass eine energetische Gesamtplanung wesentlich wirtschaftlicher und technisch sinnvoller ist, als die Umsetzung einzelner Maßnahmen.

Werden bei einer solchen Planung die entsprechenden Berechnungen durchgeführt, ist auch ein Energiebedarfsausweis zu erstellen. Die Anforderungen an den Wärmeschutz bleiben unberührt. Es kann lediglich eine Dokumentationspflicht entstehen.[23]

Nach den Änderungen am Gebäude darf der Jahres-Primärenergiebedarf den Höchstwert für zu errichtende Gebäude um nicht mehr als 40 % überschreiten, unabhängig von der Erfüllung anderer Anforderungen (so genannte 40-%-Regel), oder es müssen die Wärmedurchgangskoeffizienten der EnEV eingehalten werden.

---

[22] Vgl. Hegner, H; Vogler,I.: Energieeinsparverordnung EnEV – für die Praxis kommentiert, 2002, S.256.

[23] Vgl. A.a.O., S.255.

3.4.2.3 Bauteiländerungen

Bei einer Veränderung an Außenwänden, außen liegenden Fenstern, Fenstertüren und Dachflächenfenstern um nicht mehr als 20 % der Bauteilfläche in gleicher Himmelsrichtung sowie anderen Außenbauteilen um ebenso weniger als 20 % der jeweiligen Bauteilfläche, werden keine besonderen Anforderungen gestellt. Diese Regelung ist für stärker beanspruchte Gebäudeteile, z.B. die der Wetterseite, sehr sinnvoll. Bei Veränderungen, die die 20 % Schwelle überschreiten, gibt die EnEV Werte für den maximalen Wärmedurchgangskoeffizienten vor.

Bauteil	EnEV	WSchV
	in W/(m²K)	
Aussenwände	0,35 - 0,45	0,4 - 0,5
Aussen liegende Fenster, Fenstertüren, Dachflächenfenster	1,7	1,8
Verglasungen	1,5	-
Decken, Dächer, Dachschrägen	0,3	0,3
Flachdächer	0,25	0,3
Decken und Wände gegen unbeheizte Räume	0,4	0,5
Decken und Wände gegen Erdreich	0,5	0,5

Abbildung 5: Vergleich der zulässigen U-Werte von Bauteilen nach Anhang 3 EnEV und Anlage 3 WSchV[24]

3.4.2.4 Heizungsmodernisierung

Gebäudeeigentümer mussten, unabhängig von wesentlichen Änderungen an Außenbauteilen, Heizkessel, die mit flüssigen oder gasförmigen Brennstoffen betrieben und vor dem 1. Oktober 1978 eingebaut wurden, bis zum 31. Dezember 2006 außer Betrieb nehmen. Bei Heizkesseln, deren Brenner nach dem 1. November 1996 nachgerüstet oder erneuert wurden, damit sie die zulässigen Abgasverlustgrenzwerte der BImschV[25] einhalten konnten, wurde die Frist bis zum 31. Dezember 2008 verlängert.

Die Pflicht zur Erneuerung entfällt für vorhandene Niedertemperatur- oder Brennwertkessel sowie für Heizanlagen deren Nennwärmeleistung weniger als 4 kW oder mehr als 400 kW beträgt. Außerdem gilt die Regelung nicht für Küchenherde, Einzelraumheizungen, Heizkessel, die nicht mit marktüblichen

---

[24] Vgl. EnEV kompakt – Textsammlung zur EnEV 2007 und den Wärmeschutz-verordnungen, 2008, S.53.

[25] Bundes-Immissionsschutzgesetz - Verordnung

flüssigen oder gasförmigen Brennstoffen betrieben werden und Anlagen, die ausschließlich der Warmwasserbereitung dienen. Zugängliche ungedämmte Wärmeverteilungs- und Warmwasserleitungen und Armaturen, die sich in unbeheizten Räumen befinden, mussten unabhängig von der Nachrüstung der Heizungsanlage bis zum 31. Dezember 2006 gedämmt werden.

Bei Gebäuden mit nicht mehr als zwei Wohnungen, in denen eine Wohnung durch den Eigentümer vor dem Inkrafttreten der EnEV selbst bewohnt war, sind die oben angeführten Maßnahmen erst zwei Jahre nach einem Eigentumsübergang auszuführen.

Mit der Energieeinsparverordnung wird den Planern und Architekten zum ersten Mal in der Baugeschichte ein Instrument zur integralen Planung an die Hand gegeben, mit dem die Brücke zwischen kreativer Architektur, Bauphysik und Anlagentechnik geschlagen und jedes Gebäude damit zum architektonisch-technischen Gesamtwerk werden kann. Damit wird die Abstimmung von Bau- und Anlagentechnik immer wichtiger. Mit dem neuen Instrumentarium kommt jedoch auf die Architektenschaft eine gewaltige Herausforderung zu, die entscheidende Auswirkungen auf die bauliche Praxis in Planung und Bauausführung mit sich bringen. Die ganzheitliche Betrachtungsweise führt zu ökologisch und ökonomisch sinnvollen Ergebnissen.

3.4.3 DIN Normen zur EnEV

In der Energieeinsparverordnung werden die Wärmeschutz- und die Heizungsanlagenverordnung zu einer Vorschrift zusammengefasst. Diese gilt für alle neu zu errichtenden und zu verändernden beheizten Gebäude. Die EnEV begrenzt mit Hilfe des Energieeinsparungsnachweises den Jahres-Primärenergieverbrauch sowie den spezifischen Transmissionswärmeverlust auf einen maximalen Wert, der nicht überschritten werden darf.[26]

Im Folgenden werden die wichtigsten DIN-Normen zur energetischen Sanierung von Gebäuden vorgestellt.

[26] Vgl. Liersch, K.; Langner, N.: ENEV-Praxis Die neue Energieeinsparverordnung: leicht und verständlich dargestellt, 2002, S.27.

3.4.3.1 DIN EN 832

Die DIN EN 832 ist eine europäische Norm, die Berechnungsverfahren zur Bemessung und Bewertung für Gebäude und Bauteile im Bereich des Wärmeschutzes zur Verfügung stellt. Das Berechnungsverfahren nach dieser Norm basiert auf einer stationären Energiebilanz, die jedoch innere und äußere Temperaturveränderungen, sowie, mittels eines Ausnutzungsgrades für Wärmegewinne, den dynamischen Effekt von inneren und solaren Wärmegewinnen berücksichtigt.[27]

3.4.3.2 DIN V 4108-6

Die DIN V 4108 beschäftigt sich mit dem Wärmeschutz und der Energieeinsparung in Gebäuden. DIN V 4108-6 befasst sich speziell mit der Berechnung des Jahres-Heizwärmebedarfs und dem Jahresheizenergiebedarf nach der DIN EN 832. Das zugrunde gelegte Verfahren ist auf die für Deutschland vorgegebenen Randbedingungen, wie zum Beispiel der klimatischen Regionen, abgestimmt und auf Wohngebäude anwendbar.[28]

3.4.3.3 DIN V 4701-10

Die DIN V 4701-10 ermöglicht, anhand der beschriebenen Verfahren, Aussagen über die energetische Effizienz der Heizungs- und Lüftungsanlagen zu machen. Mit Hilfe des durch die DIN V 4108-6 berechneten Jahres-Heizwärmebedarfs und der Anlagen-Aufwandszahl lässt sich die benötigte Primärenergie für das Gebäude berechnen und somit die energetische Wirtschaftlichkeit der Anlagentechnik feststellen.[29]

3.4.3.4 DIN 18599

Die Normenreihe DIN V 18599 wurde in einem gemeinsamen Arbeitsausschuss der DIN Normenausschüsse Bauwesen (NABau), Heiz- und Raumlufttechnik (NHRS) und Lichttechnik (FNL) erarbeitet. Sie stellt eine Methode zur Bewertung der Gesamtenergieeffizienz von Gebäuden zur Verfügung, wie sie nach Artikel 3 der Richtlinie 2002/91/EG des Europäischen Parlaments und des

---

[27] Deutsche Norm, DIN EN 832, Juni 2003, S.4.
[28] Vgl. Usemann, K.: Energieeinsparende Gebäude und Anlagentechnik, 2005, S.353.
[29] Vgl. Liersch, K.; Langner, N.: ENEV-Praxis Die neue Energieeinsparverordnung: leicht und verständlich dargestellt, 2002 S.26.

Rates über die Gesamteffizienz von Gebäuden (EPBD) ab 2006 in allen Mitgliedsländern der Europäischen Union (EU) gefordert ist.

Die Berechnungen erlauben die Beurteilung aller Energiemengen, die zur bestimmungsgemäßen Beheizung, Warmwasserbereitung, raumlufttechnischen Konditionierung und Beleuchtung von Gebäuden notwendig sind. Dabei berücksichtigt die Normreihe auch die gegenseitige Beeinflussung von Energieströmen und die daraus resultierenden planerischen Konsequenzen. Neben der Berechnungsmethode werden auch nutzungsbezogene Randbedingungen für eine neutrale Bewertung zur Ermittlung des Energiebedarfs angegeben (unabhängig von individuellem Nutzerverhalten und lokalen Klimadaten). Die Normreihe ist dafür geeignet den langfristigen Energiebedarf für Gebäude oder auch Gebäudeteile zu ermitteln und die Einsatzmöglichkeiten erneuerbarer Energien für Gebäude abzuschätzen. Die normativ dokumentierten Algorithmen sind anwendbar für die energetische Bilanzierung von:

- Wohn- und Nichtwohnbauten,
- Neubauten und Bestandsbauten.

Die Vorgehensweise der Bilanzierung ist geeignet für:

- eine **Energiebedarfs**bilanzierung von Gebäuden mit teilweise festgelegten Randbedingungen im Rahmen des öffentlich-rechtlichen Nachweises,
- eine allgemeine, ingenieurmäßige **Energiebedarfs**bilanzierung von Gebäuden mit frei wählbaren Randbedingungen,
- eine allgemeine, ingenieurmäßige Energiebilanzierung von Gebäuden mit dem Ziel des Abgleichs zwischen Energiebedarf und Energieverbrauch (**Bedarfs-Verbrauchs-Abgleich**) mit frei wählbaren Randbedingungen.

4. Energiebilanz

Der Bedarf einer Energiebilanz ist abhängig davon, was ein Bauherr von einer Sanierung erwartet. Energiebilanzen sind sinnvoll, um den zukünftigen Energiebedarf, die Kosten und damit auch die ökologische Bedeutung zu prognostizieren. Eine Energiebilanz erfasst alle Energien, die über eine bestimmte Zeitspanne verbraucht werden. Dabei werden sowohl eintretende als auch austretende Energien bilanziert. Die eintretenden Energien kommen in Form von Elektrizität, Wärmeenergie (z.B. Fernwärme, Personenwärme), Strahlungswärme (Solarwärme) oder chemisch gebundener Energie (z.B. Öl, Gas, Holz) vor. Der Energieaustritt erfolgt in Form von Wärmeenergie. Es wird unterschieden zwischen Energiebedarfsbilanzen und Energieverbrauchsbilanzen. Bei der Energieverbrauchsbilanz kann anhand von bereits verbrauchter Energie über Abrechnungen und Messdaten die Bilanz erstellt werden. Dieses Verfahren kommt im Gebäudebestand zur Anwendung. Bei der Gebäudeplanung wird eine Energiebedarfsbilanz erstellt, da in diesem Stadium noch keine bestehenden Verbräuche vorliegen. Anhand des Gebäudetyps werden die Bedarfskennwerte ermittelt. Zusammen betrachtet ergeben sie den Energiebedarf.[30]

4.1 Der Energieausweis

Der Gebäudeenergieausweis dient zur Beurteilung der Energieeffizienz von Gebäuden. Er soll dem Interessenten eine Aussage über die Höhe des Energiebedarfs eines Gebäudes liefern, ähnlich wie es bei Kühlschränken oder dem Durchschnittsverbrauch von Autos schon lange Praxis ist. Derzeit besteht für die meisten Gebäude nur eine „Ausweispflicht", wenn sie verkauft oder vermietet werden sollen. Dieser Energieausweis enthält wichtige Daten zum Energiebedarf des Gebäudes. Damit soll es ermöglicht werden, Häuser aus dem Bestand hinsichtlich ihrer energetischen Qualität zu vergleichen. Energetische Qualität bezeichnet, wie ein Gebäude die eingesetzte Energie ausnutzt. Die energetische Qualität wird hauptsächlich durch die Wärmedämmung des Gebäudes sowie durch die Art und den Wirkungsgrad der Heizungsanlage bestimmt.

---

[30] Vgl. Jagnow, K.; Horschler, S.; Wolff, D.: Die neue Energieeinsparverordnung, 2002, S.41ff.

ENERGIEAUSWEIS für Wohngebäude

gemäß den §§ 16 ff. Energieeinsparverordnung (EnEV)

Berechneter Energiebedarf des Gebäudes

Energiebedarf

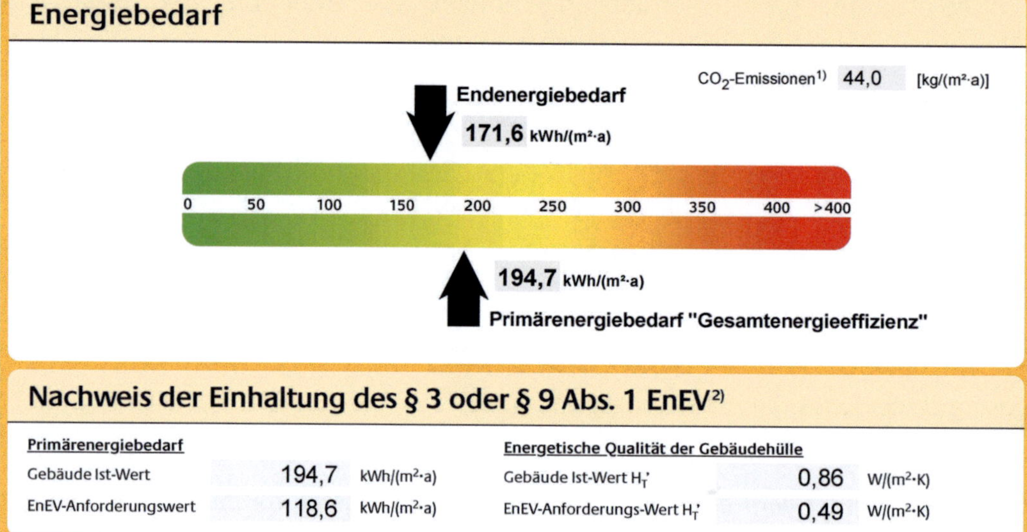

Nachweis der Einhaltung des § 3 oder § 9 Abs. 1 EnEV[2]

Primärenergiebedarf			Energetische Qualität der Gebäudehülle		
Gebäude Ist-Wert	194,7	kWh/(m²·a)	Gebäude Ist-Wert H_T'	0,86	W/(m²·K)
EnEV-Anforderungswert	118,6	kWh/(m²·a)	EnEV-Anforderungs-Wert H_T'	0,49	W/(m²·K)

Endenergiebedarf

Energieträger	Jährlicher Endenergiebedarf in kWh/(m²·a) für Heizung	Warmwasser	Hilfsgeräte[3]	Gesamt in kWh/(m²·a)
Erdgas LL	148,4	19,6	0,0	168,0
Strom-Mix	0,0	0,0	3,7	3,7

Sonstige Angaben

Einsetzbarkeit alternativer Energieversorgungssysteme:

☐ nach § 5 EnEV vor Baubeginn geprüft

Alternative Energieversorgungssysteme werden genutzt für:

☐ Heizung ☐ Warmwasser
☐ Lüftung ☐ Kühlung

Lüftungskonzept

Die Lüftung erfolgt durch:

☒ Fensterlüftung ☐ Schachtlüftung
☐ Lüftungsanlage ohne Wärmerückgewinnung
☐ Lüftungsanlage mit Wärmerückgewinnung

Vergleichswerte Endenergiebedarf

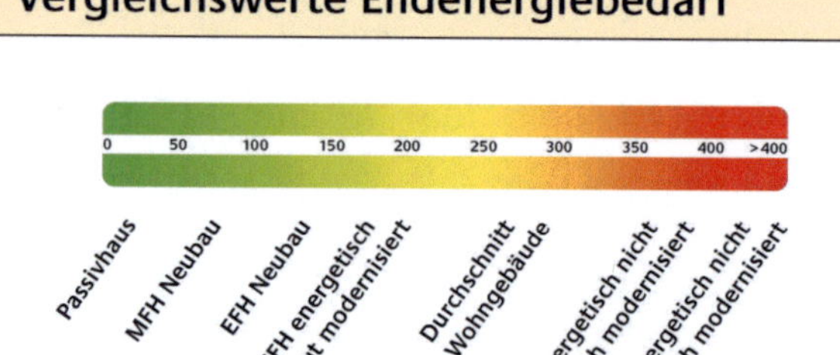

Erläuterungen zum Berechnungsverfahren

Das verwendete Berechnungsverfahren ist durch die Energieeinsparverordnung vorgegeben. Insbesondere wegen standardisierter Randbedingungen erlauben die angegebenen Werte keine Rückschlüsse auf den tatsächlichen Energieverbrauch. Die ausgewiesenen Bedarfswerte sind spezifische Werte nach der EnEV pro Quadratmeter Gebäudenutzfläche (A_N).

Abbildung 6: Beispiel eines Energieausweises

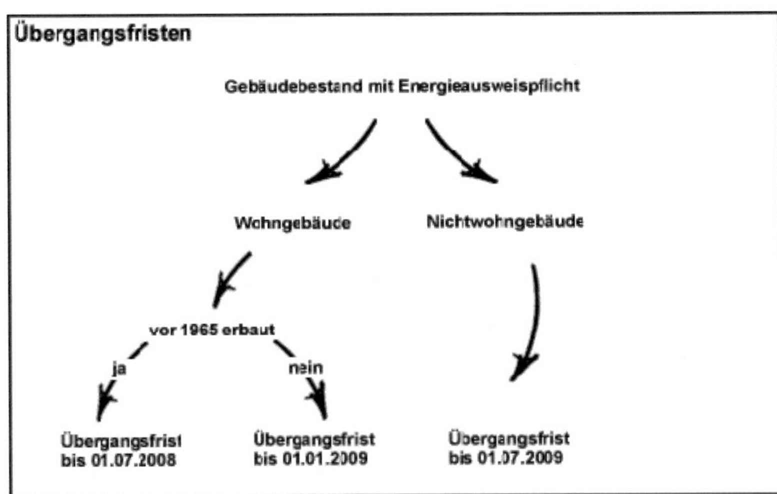

Abbildung 7: Übergangsfristen für den Energieausweis[31]

Der Energieausweis soll – soweit möglich – Maßnahmen empfehlen, die den Energieverbrauch des Gebäudes senken können. Diese werden in zwei Modernisierungsvarianten kombiniert und der Umfang der damit möglichen Einsparungen beziffert.

Es gibt zwei unterschiedliche Arten von Energieausweisen: für Wohngebäude und Nichtwohngebäude. In beiden Fällen kann der Ausweis auf der Grundlage von errechneten Bedarfswerten oder nach dem gemessenen Verbrauch erstellt werden.[32]

4.1.1 Der Verbrauchsausweis

Bei der verbrauchsorientierten Variante des Ausweises wird die Energieeffizienz aus der innerhalb eines Jahres **tatsächlich verbrauchten Energiemenge** ermittelt.

Das Problem: Diese Methode der Berechnung kann stark in die Irre führen. Der verbrauchsorientierte Ausweis bildet nämlich weniger den Zustand eines Gebäudes, sondern eher das **Verhalten seiner Bewohner** ab. Ob viele Familien mit Kindern oder eher berufstätige Alleinstehende in einem Haus wohnen, beeinflusst den Energieverbrauch eines Gebäudes enorm.

[31] Vgl. EUB – Energie- Umweltberatung, www.umwelt-beratung.de, Abruf vom 04.11.2008.
[32] Vgl. Weglage, A.: Energieausweis – Das große Kompendium, 2007, S.12f.

Eine extreme Verzerrung könnte auch bei Einfamilienhäusern zum Tragen kommen: Verbringen die Bewohner etwa den ganzen Winter im Ausland anstatt in ihren vier Wänden in Deutschland, wäre ein Null-Energie-Haus die Folge bei der Berechnung der Energieeffizienz ihres Hauses.

Aussagekräftiger ist deshalb der **bedarfsorientierte Ausweis**, der eine Bestandsaufnahme der Dämmung, der Baumaterialien und des Heizsystems erfordert. Daraus wird errechnet, wie viel Energie das Gebäude bei durchschnittlichem Nutzverhalten verbraucht.[33]

4.1.2 Der Bedarfsausweis

Seit dem 01. Oktober 2008 ist für Wohngebäude mit bis zu vier Wohnungen, deren Wärmeschutz nicht mindestens dem der Wärmeschutzverordnung von 1977 entspricht, der Energieausweis auf Bedarfsbasis vorgeschrieben.

Der Ausweis soll Gebäudenutzern einen transparenten Wert bezüglich des Energieverbrauches liefern. Dadurch werden die wichtigsten energetischen Eigenschaften von Immobilien miteinander vergleichbar. Der Energiepass ist für Neubauten in jedem Fall vorgeschrieben, bei Altbauten muss er nur bei wesentlichen Änderungen erstellt werden. Wird die 40-%-Regel angewandt, muss in jedem Fall ein Energiebedarfsnachweis wie bei Neubauten geführt werden, da die benötigten Berechnungen sowieso vorliegen.[34]

Inhalt eines Energiebedarfsausweises:

- Objektbeschreibung
  - Nutzart
  - Baujahr und Jahr der Sanierung
  - Wärmeübertragende Umfassungsfläche [A]
  - Beheiztes Gebäudevolumen [V_e]
  - Verhältnis A/V_e
  - Art der Beheizung und Art der Warmwasserbereitung

---

[33] Vgl. Weglage, A.: Energieausweis – Das große Kompendium, 2007, S 84ff.

[34] Vgl. EUB – Energie-. und Umweltberatung, http://umwelt-beratung.de/inhalt/enauswant.htm#ant1, Abruf vom 27.10.2008.

- Energiebedarf
  - Zulässiger Höchstwert des Jahres-Primärenergiebedarfs
  - Berechneter Jahres-Primärenergiebedarf
  - Energiebedarf nach eingesetzten Energieträgern
- Weitere energiebezogene Merkmale
  - Zulässiger Höchstwert des Transmissionswärmeverlustes und berechneter Wert
  - Aufwandszahl der Anlage
  - Berücksichtigung von Wärmebrücken
  - Dichtheit des Gebäudes
  - Art der Lüftung
- Verantwortlich für die Angaben
  - Name, Firma, Anschrift
  - Ausstellungsdatum des Ausweises[35]

4.2 Nachweisverfahren für Bestandsgebäude

Für den Nachweis zum Energiebedarf eines bestehenden Gebäudes stehen nach der EnEV zwei Methoden zur Verfügung. Bei nur geringen Änderungen oder neu eingebauten Teilen an Gebäuden gelten die bauteilbezogenen Anforderungen der in Anlage 3 der EnEV genannten Wärmedurchgangskoeffizienten, durch die die energetische Beschaffenheit der Gebäudehülle überprüft wird. Bei umfangreichen Sanierungsmaßnahmen ist ein Jahres-Primärenergienachweis wie bei Neubauten durchzuführen. In der EnEV ist das vereinfachte Verfahren für Wohngebäude näher beschrieben. Es stehen jedoch noch andere Möglichkeiten zur Verfügung, z.B. Monatsbilanzverfahren oder Heizperiodenbilanzverfahren, auf die an dieser Stelle jedoch nicht näher eingegangen wird.

Bei einem Gebäudenachweis mit dem vereinfachten Verfahren stehen zu Beginn umfassende Untersuchungen des Gebäudes und der Anlagentechnik

[35] Vgl. Weglage, A.: Energieausweis – Das große Kompendium 2007, S.69ff.

an. Bei der Alternative, dem Bauteilverfahren, kann es zu sehr hohen Investitionskosten führen, da alle erneuerten Bauteile die vorgeschriebenen Wärmedurchgangskoeffizienten der EnEV erfüllen müssen.[36]

4.2.1 Gebäudegeometrie A/V_e-Verhältnis

Die Gebäudegeometrie hat einen wesentlichen Einfluss auf den Energieverbrauch. Das Verhältnis zwischen der wärmeübertragenden Umfassungsfläche A des Gebäudes und dem davon umschlossenen Volumen des Bauwerks V_e ist die Kennzahl, mit der die EnEV den maximal zulässigen Jahres-Primärenergiebedarf eines Gebäudes bestimmt. Je kleiner das Verhältnis zwischen A und V_e ist, umso geringer ist der Transmissionswärmeverlust durch die Gebäudehülle.[37]

4.2.2 Berechnung des Jahres-Primärenergiebedarfs

Der Jahres-Primärenergiebedarf setzt sich aus der Energiemenge zusammen, die den Jahres-Heizenergiebedarf und den Warmwasserbedarf deckt. Wird die Anlagenaufwandszahl e_p miteinbezogen ergibt sich folgende Gleichung:

$$Q_p = (Q_h + Q_w) * e_p \qquad \text{in kWh/a}$$

mit: Q_p = Jahres-Primärenergiebedarf

Q_h = Jahres-Heizwärmebedarf

Q_w = Nutzwärmebedarf für Warmwasserbereitung

e_p = Anlagen-Aufwandszahl[38]

Nutzwärmebedarf für Warmwasserbereitung

[36] Vgl. Jagnow, K.; Horschler, S.; Wolff, D.: Die neue Energieeinsparverordnung, 2002, S.179f.
[37] Vgl. Usemann, K.: Energieeinsparende Gebäude- und Anlagentechnik, 2005, S.345f.
[38] Vgl. Jagnow, K.; Horschler, S.; Wolff, D.: Die neue Energieeinsparverordnung, 2002, S.52f.

Der Wärmebedarf der Wassererwärmung Q_W wird in der EnEV mit 12,5 kWh/(m²a) angegeben. Dieser Wert entspricht etwa 23 Liter Wasserbedarf bei 50°C pro Person und Tag.

$$Q_W = 12{,}5 \cdot A_N \quad \text{in kWh/a}$$ [39]

Anlagen-Aufwandszahl

Die Anlagen-Aufwandszahl e_p kann durch mehrere Verfahren bestimmt werden. Sie stellt das Verhältnis zwischen der aufgenommenen Primärenergie der technischen Anlagen zu der gelieferten Nutzwärme dar. Mit der Aufwandszahl werden alle Verluste der Anlagentechnik für Wasser, Heizung und Lüftung dargestellt.

$$e_p \quad \frac{Q_p}{w+Q_h} =$$, dabei gilt:

Je kleiner die Anlagen-Aufwandszahl ist, umso effektiver arbeitet die Anlage.[40]

Die Anlagen-Aufwandszahl kann auch über das Diagramm-Verfahren ermittelt werden. Dabei wird anhand von Diagrammen die Anlagen-Aufwandszahl aus dem Verhältnis flächenbezogener Heizwärmebedarf und beheizter Nutzfläche hergeleitet.[41]

4.2.3 Berechnung des Jahres-Heizwärmebedarfs nach dem vereinfachten Verfahren für Wohngebäude

Bei Wohngebäuden, deren Fensterflächenanteil 30% nicht überschreitet, besteht die Möglichkeit, den Jahres-Heizwärmebedarf mit Hilfe eines vereinfachten Verfahrens zu berechnen:

---

[39] Vgl. Jagnow, K.; Horschler, S.; Wolff, D.: Die neue Energieeinsparverordnung, 2002, S.63.

[40] Vgl. Liersch, K.; Langner, N.: ENEV-Praxis Die neue Energieeinsparverordnung leicht und verständlich dargestellt, 2002, S.75.

[41] Vgl. A.a.O., S.26.

$$Q_h = 66 * (H_T + H_V) - 0,95 * (Q_s + Q_i) \quad \text{in kWh/a}$$

mit: Q_h = Jahres-Heizwärmebedarf

H_T = spezifischer Transmissionswärmeverlust

H_V = spezifischer Lüftungswärmeverlust

Q_s = solare Gewinne

Q_i = interne Gewinne

Dabei wird der Heizwärmebedarf mit einer Gradtagzahl von 66 kKh/a angenommen. Der Nutzungsgrad der Wärmegewinne wird genauso wie die Nachtabsenkung der Heizung mit einem Abminderungsfaktor von 0,95 berücksichtigt.

Spezifischer Transmissionswärmeverlust

Der mittlere U-Wert der Gebäudeaußenflächen beschreibt den spezifischen Transmissionswärmeverlust H_T. Verluste über Wärmebrücken werden pauschal mit dem Faktor ΔU_{WB} = 0,05 W/(m²/K) einbezogen.[42]

$$H_T = \sum (F_{Xi} * U_i * A_i) + 0,05 * A$$

mit: F_{Xi} = Temperaturkorrekturfaktor der Bauteile

A_i = wärmeübertragende Umfassungsfläche

U_i = Wärmedurchgangskoeffizient der Umfassungsfläche

0,05 * A = Pauschaler Ansatz zur Berücksichtigung von Wärmebrücken[43]

Spezifischer Lüftungswärmeverlust

---

[42] Vgl. Liersch, K.; Langner, N.: EnEV-Praxis – Die neue Energieeinsparverordnung leicht und verständlich dargestellt, 2002, S.73.

[43] Vgl. Jagnow, K.; Horschler, S.; Wolff, D.: Die neue Energieeinsparverordnung, 2002 S.185f.

Der spezifische Lüftungswärmeverlust H_V wird in Abhängigkeit von der Luftdichtheit aus dem beheizten Gebäudevolumen ermittelt. Die Luftdichtheit kann mit einem geeigneten Verfahren wie z.B. dem Blower-Door-Test nachgewiesen werden.[44]

Solare und interne Gewinne

Die solaren Wärmegewinne Q_S ermitteln sich aus der Größe, der Neigung sowie der Orientierung der Fensterflächen. Die internen Wärmegewinne Q_1, z.B. durch Personen, Beleuchtung oder Elektrogeräte, werden pauschal anhand der Nutzfläche abgeleitet.[45]

4.2.4 Berechnung des Jahres- Heizwärmebedarfs nach dem vereinfachten Periodenbilanzverfahren

Bei dem Jahres-Heizwärmebedarf wird angegeben, wie viel Wärmeenergie mit Hilfe einer Heizung einem Gebäude zugeführt werden muss, um eine durch die EnEV vorgegebene Raumtemperatur von 19°C[46] zu erreichen. Dabei werden Wärmegewinne mit Wärmeverlusten während der Heizperiode verrechnet. Des Weiteren werden die Wärmegewinne mit dem Ausnutzungsgrad multipliziert, da nicht alle Wärmegewinne energetisch genutzt werden können. Für einen vorgegebenen Zeitraum t_{HP} ergibt sich die Gleichung:

$$Q_h = Q_{l,HP} - \eta_{HP} * Q_{g,HP} \quad \text{in kWh/a}$$

mit: Q_h = Jahres-Heizwärmebedarf in kWh/a

$Q_{l,HP}$ = Wärmeverluste in der Heizperiode in kWh/a

$Q_{g,HP}$ = Wärmegewinne in der Heizperiode in kWh/a

η_{HP} = Ausnutzungsgrad

Der Ausnutzungsgrad wird im vereinfachten Verfahren mit η_{HP} = 0,95 angenommen. Wärmeverluste berechnen sich aus der Summe der Lüftungs-

[44] Vgl. Jagnow, K.; Horschler, S.; Wolff, D.: Die neue Energieeinsparverordnung, S.73f.
[45] Vgl. Jagnow, K.; Horschler, S.; Wolff, D.: Die neue Energieeinsparverordnung, S.74.
[46] Durchschnittswert **aller** beheizbaren Räume

und Transmissionswärmeverluste mit zusätzlicher Berücksichtigung eines Faktors bezüglich der Heizgradtagzahl während der Heizperiode. Die Summe aus solaren und internen Wärmegewinnen ergeben die Wärmegewinne während der Heizperiode.

5. Maßnahmen zur Energieeinsparung

In diesem Kapitel werden die energiesparenden Maßnahmen beschrieben. Es werden zu jedem Bereich die gängigsten Varianten kurz vorgestellt und mit den notwendigen Kenngrößen hinterlegt.

Die Auflistung besitzt keinen Anspruch auf Vollständigkeit, sondern soll als Exkurs für ein besseres Verständnis sorgen.

5.1 Wärmebrücken

Wärmebrücken sind Schwachstellen an der Gebäudehülle, an denen es zu verstärktem Wärmeabfluss kommt. Unterschieden wird dabei zwischen geometrischen und konstruktiv bedingten Wärmebrücken. An Wärmebrücken kann es zu Tauwasserausfall kommen, der einen idealen Nährboden für Schimmelpilze bietet. Um Wärmebrücken zu vermeiden, sollte die Außendämmung ein Gebäude vollständig umschließen. Kann eine Wärmebrücke nicht vermieden werden, ist darauf zu achten, die richtigen Materialien zu verwenden und diese **möglichst thermisch** zu trennen.[47]

5.2 Außenwände

Früher, zu Zeiten ausreichender Rohstoffversorgung und nur geringer technischer Möglichkeiten, wurden Gebäude mit sehr geringen Außenwandstärken errichtet. Die jährlichen Heizwärmeverluste über die Außenwände liegen noch heute im Bereich von 25 bis 40 %. Eine Reduzierung des Wärmeverlustes über die Außenwände ist nur durch eine Verbesserung der Wärmedämmung zu erreichen.[48]

5.2.1 Wärmedämmverbundsystem

Mit dem Wärmedämmverbundsystem (WDVS) bzw. mit der Thermohaut werden Dämmsysteme bezeichnet, bei denen Dämmplatten von außen auf die Außenwand aufgeklebt, verdübelt und mit einem gewebearmierten Putz überzogen werden. Dieses Verfahren wird seit mehr als 35 Jahren angewandt.

---

[47] Vgl. DENA - Deutsche Energie Agentur: Modernisierungsratgeber Energie 2003, S.8.

[48] Vgl. Liersch, K.; Langner, N.: ENEV-Praxis Die neue Energieeinsparverordnung: leicht und verständlich dargestellt 2002, S.26.

Beim konventionellen Bauen werden in erster Linie Polystyrol-(PS-) Hartschaumplatten (Brandschutzklasse B1, B2) eingesetzt.[49]

Wer stattdessen ökologische Dämmstoffe einsetzen möchte, hat heute eine große Auswahl zur Verfügung. Für die Außenbeschichtung sollten vorzugsweise mineralische Außenputze verwendet werden. Diese sind nicht nur aus ökologischer Sicht (Herstellung, Recycling) besser zu bewerten, sie haben auch das bessere Dampfdiffusionsverhalten, das sich wiederum positiv auf die Lebensdauer des Dämmsystems auswirkt. Alle Anschlüsse (Fensteranschluss, Anschluss an das Flachdach) und die Sockelausbildung müssen individuell nach den vorhandenen Gegebenheiten angepasst werden.

Nachfolgend sind Dämmmaterialien mit der entsprechenden Wärmeleitfähigkeit[50] aufgelistet:

- Polystyrolplatten 0,03 – 0,04 W/mK
- Polyurethanplatten 0,02 – 0,04 W/mK
- Mineralfaserplatten 0,035 – 0,05 W/mK
- Korkplatten 0,045 - 0,055 W/mK
- Holzfaserplatten 0,04 - 0,07 W/mK
- Schaumglasplatten 0,045 - 0,06 W/mK
- Mehrschichtplatten 0,04 - 0,09 W/mK[51]

Die Entscheidung für ein WDVS hängt von der Gebäudeart, bezogen auf Brandschutzvorschriften sowie der Beschaffenheit der ursprünglichen Fassade, ab. Außerdem spielen der Lärmschutz und der Preis eine tragende Rolle. Die Lebensdauer der Thermohaut wurde von dem Fraunhofer Institut für Bauphysik untersucht. Dabei wurden Werte zwischen 15 bis 30 Jahren angegeben.

Die Kosten für ein Wärmedämmverbundsystem belaufen sich bei Polyurethanplatten inklusive Außenputz und Einbau etwa auf:

---

[49] Vgl. Siepe, B.: Überblick über die Dämmsysteme für die Außenwand, 1999, S.13.

[50] Wärmeleitfähigkeit mit der physikalischen Einheit W/mK: Es wird die Wärmemenge angegeben, die pro Zeiteinheit und pro Kelvin Temperaturdifferenz durch eine Materialschicht mit einer Fläche von 1 m² und einer Dicke von 1 m fließt.

[51] Vgl. Energieberater Plus Hottgenroth.

- 6 cm Dämmstoff ca. 60 €/m²
- 8 cm Dämmstoff ca. 63 €/m²
- 10 cm Dämmstoff ca. 66 €/m²
- 12 cm Dämmstoff ca. 69 €/m²
- 15 cm Dämmstoff ca. 73 €/m² [52]

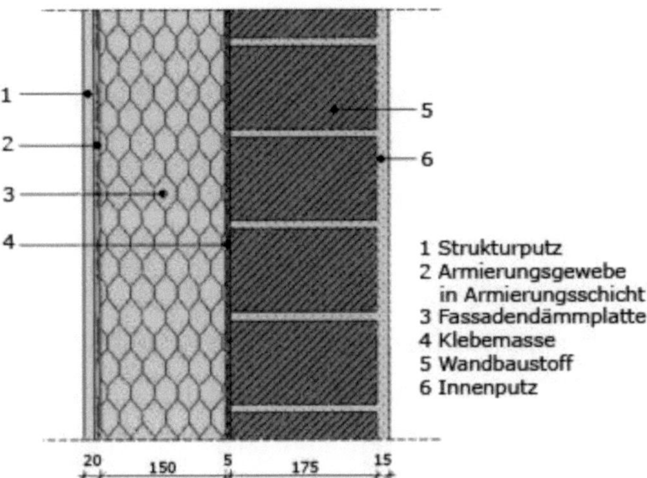

Abbildung 8: Aufbau Wärmedämmverbundsystem WDVS

In Folge werden die Vor- und Nachteile eines Wärmedämmverbundsystems aufgelistet.

Vorteile:

- Bauphysikalisch sehr gut, da die Dämmung außerhalb der beheizten Zone liegt
- Dämmstoffstärke je nach vorhandener Bausubstanz und Berechnung frei wählbar
- Stärke des Gesamtaufbaus geringer als bei anderen Außendämmungen
- Relativ geringer Aufwand der Anbringung
- Geringfügige Einschränkungen der Bewohner während der Arbeiten
-

[52] Vgl. Ministerium für Umwelt, Landwirtschaft und Forsten: Wärmedämmung von Außenwänden mit dem Wärmedämmverbundsystem (Thermohaut), 2001, S.2ff.

Nachteile:

- Evtl. zusätzliche Veränderungen an Dachüberstand, Regenrinne, Fenstern, Fensterbänken
- Probleme bei der Überschreitung der Baugrenze, Grenzbebauung, Grundstücksabstand[53]

5.2.2 Vorsatzfassade

Seit langem werden bereits Vorsatzfassaden in Regionen eingesetzt, die stark durch Wind und Regen belastet sind. Die hinterlüftete Vorsatzfassade besteht aus vier Komponenten: Dämmung, Unterkonstruktion, Hinterlüftung und Außenverkleidung. Bei der Herstellung wird zuerst die Unterkonstruktion auf dem Mauerwerk angebracht, wobei darauf zu achten ist, dass keine Wärmebrücken[54] entstehen. Anschließend werden die Dämmplatten ein- oder zweilagig auf die vorhandene Wandkonstruktion geklebt oder gedübelt. Zur Ableitung von Oberflächenkondensat, Regenwasser, sowie durch die Wand diffundierenden Wasserdampf abzuleiten, bleibt eine Luftschicht zur Belüftung zwischen Dämmung und Vorsatzschale vorhanden. Hierbei wird die Vorsatzschale an der Unterkonstruktion befestigt.

Als Dämmmaterialien werden verwendet:

- Mineralfaserplatten
- Polystyrolplatten
- Polyurethanplatten
- Korkplatten

Die Dämmstoffstärke sollte optimal gewählt und berechnet werden, da die Lebensdauer einer Vorsatzfassade bei 25 bis 30 Jahren liegt.[55] Eine optimale Stärke im Bestand liegt bei 12 cm, bei dickeren Schichten wird der Dämmeffekt immer geringer.

Nachfolgend einige Beispiele (Preise inkl. Montage):

- Aluminiumplatten 125 - 175 €/m²

---

[53] Vgl. Niedersächsische Bauordnung (NBauO).
[54] Vgl. Kapitel 5.5.
[55] Vgl. Kapitel 5.1.1 WDVS.

- Faserzementplatten asbestfrei 45 – 90 €/m²
- Holzverkleidung 125 – 145 €/m²
- Kupfer 150 – 165 €/m²
- Natursteinplatten z.B. Marmor 150 – 300 €/m²
- Schieferplatten 45 – 150 €/m²[56]

Vorteile einer Vorsatzfassade:

- Bauphysikalisch sehr gut, da die Dämmung außerhalb der beheizten Zone liegt
- Schutz des vorhandenen Mauerwerks
- Dämmstoffstärke je nach vorhandener Bausubstanz und Berechnung frei wählbar
- Vorhandene Wärmebrücken werden überdeckt
- Diverse Möglichkeiten der Fassadengestaltung
- Relativ geringer Aufwand der Anbringung
- Geringfügige Einschränkungen der Bewohner während der Arbeiten

Nachteile einer Vorsatzfassade:

- Evtl. zusätzliche Veränderungen am Dachüberstand, Regenrinne, Fenstern, Fensterbänken
- Befestigung von Vordächern, Markisen, Lampen etc. ist aufwendig
- Nur bedingte Schlagfestigkeit der Oberfläche z.B. durch Vandalismus
- Probleme bei der Überschreitung der Baugrenze, Grenzbebauung, Grundstücksabstand

5.2.3 Kerndämmung

In Mittel- und Norddeutschland trifft man häufig auf verklinkerte Gebäude. Die Fassade ist zweischalig ausgeführt und bis in die siebziger Jahre wurde in den Hohlraum keine Dämmung eingebaut. Mittlerweile besteht die Möglichkeit

[56] Vgl. Ministerium für Umwelt, Landwirtschaft und Forsten: Wärmedämmung von Außenwänden mit der hinterlüfteten Fassade, 2002, S.3ff.

diesen Luftraum nachträglich mit Dämmstoff zu füllen. Die Luftschicht sollte durchgehend, das heißt vom Fußpunkt (Sockel) bis zur Traufe eines Gebäudes in einheitlicher Dicke durchgängig vorhanden sein und mindestens eine Dicke von 4 cm haben.

Durch Bohrungen in die Vormauerschale, wird das Dämmmaterial in Form von Pellets oder Flocken, eingeblasen. Der Dämmstoff muss in jedem Fall wasserabweisend sein, da sonst die Gefahr einer Verklumpung besteht und der Dämmstoff seine Aufgabe nicht mehr erfüllt.

Es besteht auch die Möglichkeit der nachträglichen Verklinkerung. Sie stellt eine sehr spezielle und eine der aufwendigsten Varianten des nachträglichen Wärmeschutzes dar, da die statische Auflagerkonstruktion insbesondere bei unterkellerten Gebäuden zu Problemen führen kann. Diese Grundannahme kann speziell bei unterkellerten Gebäuden zu Problemen führen. Zudem darf der Zwischenraum zwischen der tragenden Wand und der Verklinkerung nicht mehr als 15 cm betragen.[57]

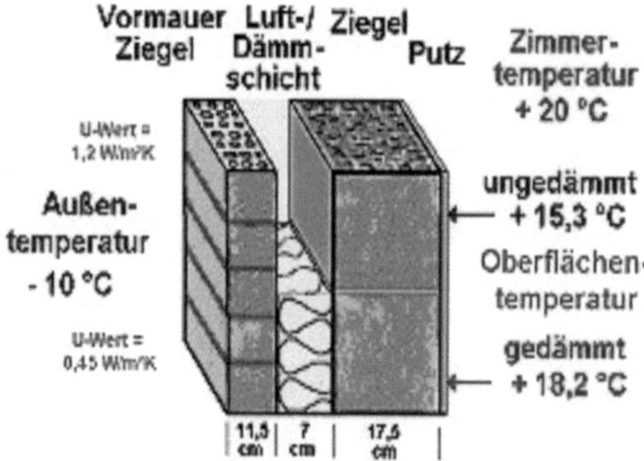

Abbildung 9: Kerndämmung

Durch eine zugelassene Fachfirma erfolgt eine sorgfältige Sichtkontrolle der Hohlräume (Luftschicht) mittels eines Technoskops, z. B. durch Bohrungen in den Fugen des Verblendmauerwerks.

Überprüft wird

- Die Durchgängigkeit der Luftschicht
- Zahl und Zustand der vorhandenen Maueranker

[57] Vgl. Ladener, H.: Vom Altbau zum Niedrigenergiehaus, 1998, S.60ff.

- Die Funktionsfähigkeit der Feuchtigkeitssperren im Bereich der Zusammenführung der Windschalen und des Sockels
- das Vorhandensein von Mörtelresten und Bauschutt insbesondere im Fußpunkt - eventuell können sie entfernt werden
- der Zustand der Mörtelfugen der Außenwand.

Die Materialien für eine Kerndämmung müssen bauaufsichtlich zugelassen sein. Die Zulassung umfasst auch das von der Fachfirma anzuwendende Verarbeitungsverfahren.

Als Materialien kommen in Frage:

- **Perlite Granulat (aufgeblähtes Lavagestein)**
- **SLS (Glas - Schaum)**
- **Mineralfaserflocken (Rockwool, Novoroc)**

Die zugelassenen Materialien sind hydrophobiert, d.h. wasserabweisend. Das Dämmmaterial wird im Einblasverfahren in die Luftschicht gefüllt. Das Material wird durch kleine Bohrungen von einem Meter Abstand - bei Sichtmauerwerk in den Fugen - eingeblasen. Nach Verfüllung der Bohrungen bleiben keine sichtbaren Veränderungen der Fassaden. Eine Genehmigung durch die Bauaufsicht ist nicht erforderlich.

Vorteile der Kerndämmung:

- Wärmedämmmaßnahme ist unsichtbar
- Unabhängig von anderen Sanierungsmaßnahmen durchführbar
- Sehr kurze Realisierungsdauer
- Keine Einschränkung für die Bewohner während der Arbeiten
- Lange Lebensdauer von Klinkerfassaden
- Erscheinungsbild bleibt erhalten

Nachteile der Kerndämmung:

- Eingeschränkte Dämmstoffstärke

- Sehr hohe Kosten bei nachträglicher Verklinkerung[58]

5.2.4 Innendämmung

Die Innendämmung kommt für Gebäude in Frage, bei denen der ursprüngliche Charakter der Fassade erhalten bleiben soll oder muss, z.B. durch bestehende Auflagen des Denkmalschutzes oder bei Fachwerkhäusern; oder das Gebäude kann wegen fehlender Grenzabstände nicht von außen gedämmt werden. Der Aufbau der Innendämmung besteht aus der Wand als Tragkonstruktion. Darauf werden die Dämmplatten, teilweise mit integrierter Dampfsperre, aufgebracht. Ist die Dampfsperre nicht im Dämmmaterial integriert, muss sie separat eingebaut werden. Darauf kommt, je nach System, direkt der Putz oder Gipskartonplatten, sowie der weitere übliche Wandaufbau.[59]

Dämmmaterialien sind bei der Innendämmung Verbundplatten aus Hartschaum oder Mineralwolle und Gipskarton- oder Gipsfaserplatten, wahlweise mit integrierter Dampfsperre, in Form von Aluminiumfolie oder Holzwolleleichtbau-Verbundplatten.

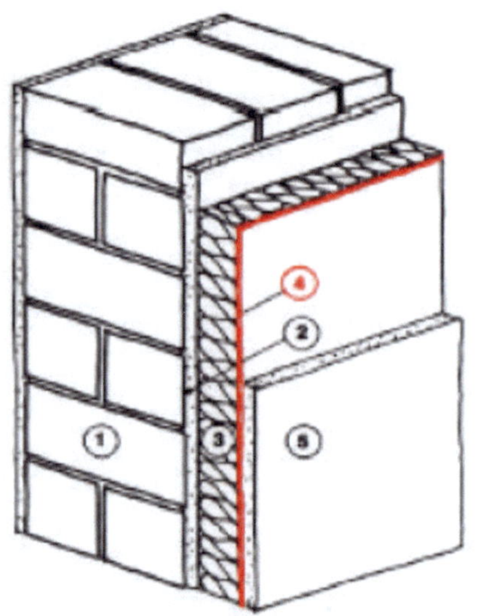

1: Wand

2: Innenputz

3: Dämmung

4: Dampfsperre

5: Innenverkleidung

Abbildung 10: Wandaufbau mit Innendämmung[60]

Die Kosten für die Innendämmung liegen bei ca. 65 €/m².[61]

---

[58] Vgl. Siepe, B.: Überblick über die Dämmsystem für die Außenwand, 1999, S.14.

[59] Vgl. Ladener, H.: Vom Altbau zum Niedrigenergiehaus, 1998, S.64.

[60] Vgl. Ministerium für Umwelt, Landwirtschaft und Forsten: Wärmedämmung von Außenwänden mit der Innendämmung, 2001, S.2.

Vorteile der Innendämmung:

- Unabhängig von anderen Sanierungsmaßnahmen durchführbar
- Maßnahme kann raumweise durchgeführt werden
- Fassadengestaltung bleibt erhalten
- Geringe Kosten

Nachteile der Innendämmung:

- Begrenzte Dämmstoffstärke
- Wohnflächenverlust
- Neue Wärmebrücken können entstehen
- Befestigung schwerer Gegenstände problematisch
- In der Außenwand installierte Wasser- und Heizungsleitungen können einfrieren
- Schwer möglich bei Platzmangel im Innenraum

5.3 Dächer

5.3.1 Geneigte Dächer

Früher wurden Dachräume vorwiegend zur Lagerung und Trocknung genutzt. Aus diesem Grund war es wichtig, dass sie gut belüftet waren. Eine Wärmedämmung war nicht notwendig.

Auslegung von Dämmplatten

Bei Dachräumen, die nicht beheizt werden sollen, ist die optimalste Art der Dämmung, den unbeheizten Raum durch Dämmung der obersten Geschossdecke vom beheizten Gebäudeteil zu trennen. Dabei werden Dämmplatten auf der Bodenfläche verlegt. Die Dämmplatten sind in Stärken bis zu 14 cm erhältlich und können für dickere Dämmschichten zweilagig verarbeitet werden.[62]

---

[61] Vgl. A.a.O., S.3ff.

[62] Vgl. Ministerium für Umwelt, Landwirtschaft und Forsten: Wärmedämmung von geneigten Dächern, 2002, S.3.

Einblasdämmverfahren

Das Einblasdämmverfahren kann angewendet werden, wenn ein Dachboden nicht begehbar ist. Es werden Mineralwolle, Zelluloseflocken oder Perlite in den Dachboden eingeblasen. Dadurch entsteht eine homogene Dämmschicht, die auf der gesamten zu dämmenden Fläche gut anliegt.[63]

Dämmung zwischen den Sparren

Beim Dachausbau ist die am häufigsten angewandte Methode die Dämmung zwischen den Sparren. Diese ist weitaus einfacher einzubauen und ist zudem kostengünstiger als die Dämmung auf den Sparren. Die Dämmstärke wird dabei durch die Höhe der Dachsparren begrenzt. Allerdings bilden die Sparren Wärmebrücken, die die Wirkung der Dämmung verschlechtern. Das Dämmmaterial wird zwischen den Dachsparren montiert. Darauf wird von der Innenseite eine Dampfsperre aufgebracht. Als Dämmung werden bevorzugt mineralische Materialien in Form von Platten oder Bahnen eingebaut. Diese Materialien sind flexibel und passen sich, im Gegensatz zu Hartschaumplatten, den Unregelmäßigkeiten der Konstruktion besser an.

Vorteile einer Zwischensparrendämmung:

- Raumsparende Dämmung
- Anbringung von der Innenseite des Gebäudes ist wetterunabhängig durchführbar

Nachteile einer Zwischensparrendämmung:

- Sparrenhöhe reicht meist nicht für die erforderliche Dämmstoffstärke aus
  → Es wird eine Kombination mit Aufdach- oder Unterdachdämmung erforderlich
- Um eine lückenlose Füllung zu erreichen ist große Sorgfalt notwendig, speziell an den Anschlusspunkten

[63] Vgl. A.a.O.

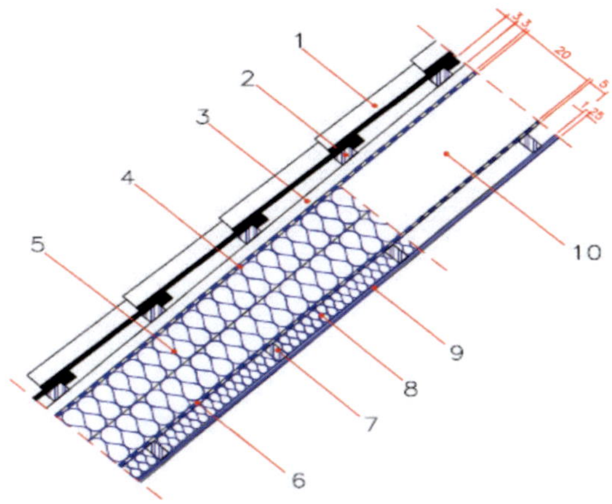

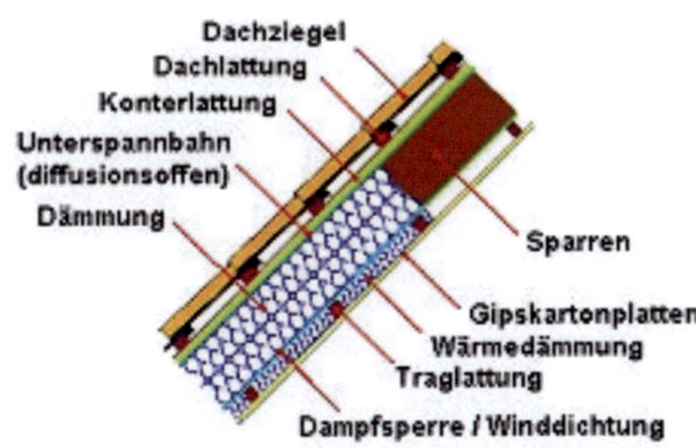

Abbildung 11: Dämmung zwischen Sparren[64]

5.3.2 Flachdächer

Bei Flachdächern ist grundsätzlich zu unterscheiden zwischen Warm-, Kalt- und Umkehrdächern. Die einfachste und günstigste Möglichkeit ein Flachdach in seiner Dämmung zu verbessern, ist die Wahl eines Umkehrdachs. Sofern die

---

[64] http://www.impulsprogramm.de, Aufruf vom 12.11.2008.

Dachabdichtung noch intakt ist, wird eine weitere Dämmschicht in Form von Polystyrol-Hartschaumplatten aufgelegt und diese dann mit Kies bedeckt.[65]

Bei größeren Beschädigungen in der Dachkonstruktion ist eine komplette Erneuerung des Dämmmaterials notwendig.[66]

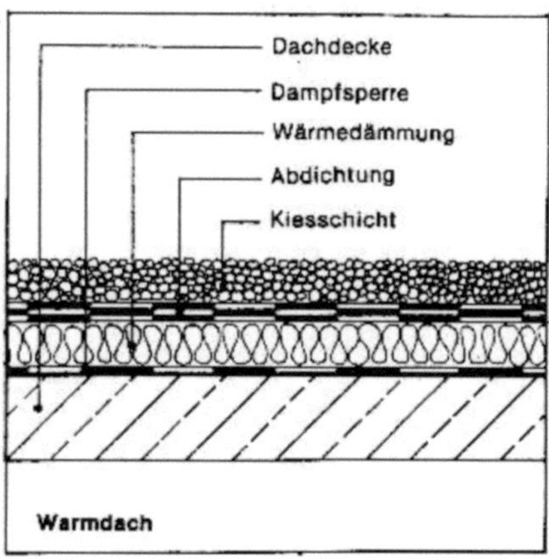

Abbildung 12: Bauteilaufbau Flachdach[67]

Vorteile einer zusätzlichen Dämmung:

- Keine Einbußen der Wohnraumhöhe
- Keine Wärmebrückenbildung bei darunterliegenden Trennwänden

Nachteile einer zusätzlichen Dämmung:

- Muss die alte Abdichtung ausgetauscht werden, so muss diese als Sondermüll entsorgt werden
- Überprüfung der Dachstatik
- Dachrandanschlüsse im Attikabereich, Dachentwässerung, Schornsteinanschlüsse usw. sind problematisch[68]

5.4 Keller und Fußböden gegen Erdreich

5.4.1 Kellerdecken

Die wärmetechnische Sanierung von Kellerdecken ist besonders sinnvoll, wenn Kellerräume gar nicht oder nur zeitweise beheizt werden. Bei allen Deckenarten

[65] Vgl. Ladener, H.: Vom Altbau zum Niedrigenergiehaus, 1998, S.84.
[66] Vgl. A.a.O., S.82f.
[67] http://www.impulsprogramm.de, Aufruf vom 13.11.2008.
[68] Vgl. Ladener, H.: Vom Altbau zum Niedrigenergiehaus, 1998, S.83.

lässt sich eine Dämmung von unten anbringen, wenn das Dämm- und Konstruktionssystem auf den Aufbau der Decke abgestimmt ist. In den meisten Fällen handelt es sich dabei um Decken mit ebener Oberfläche, zum Beispiel Betondecken, unter denen sich die Dämmung problemlos verkleben oder verdübeln lässt. Diese Möglichkeit wird auch für die spätere Kalkulation berücksichtigt.

Bei Holzbalkendecken und Decken, unter denen haustechnische Installationen verlaufen, bietet es sich an mit abgehängten Deckensystemen zu arbeiten. Eine weitere Möglichkeit der Kellerdeckendämmung ist das Aufspritzen von Faserdämmstoffen, was speziell bei Gewölbekellerdecken Anwendung findet. Da die meisten Kellerräume nicht bewohnt sind, kann auf eine zusätzliche Verkleidung zur Verbesserung der Optik verzichtet werden.

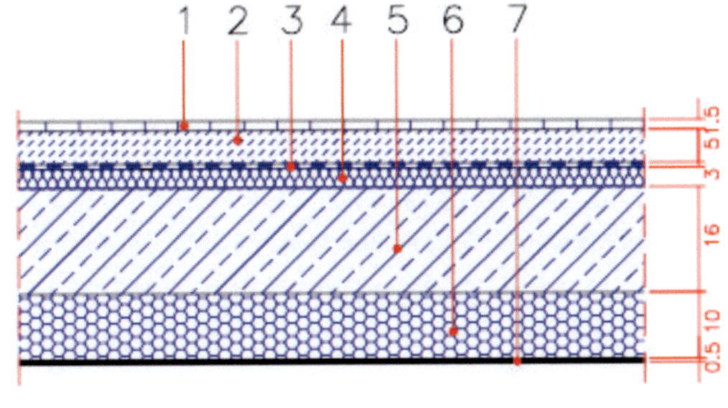

Abbildung 13: Dämmung unter Kellerdecke[69]

5.4.2 Bodenplatte und Kelleraußenwände

Im Winter ist das Erdreich in 2,5m Tiefe mit etwa 13°C zum 1. November und ca. 5°C zum 1.Februar wärmer als die Außenluft. Daher stellt die EnEV auch geringere Anforderungen an die Dämmung erdberührter Bauteile.

[69] www.impulsprogramm.de, Aufruf vom 12.11.2008.

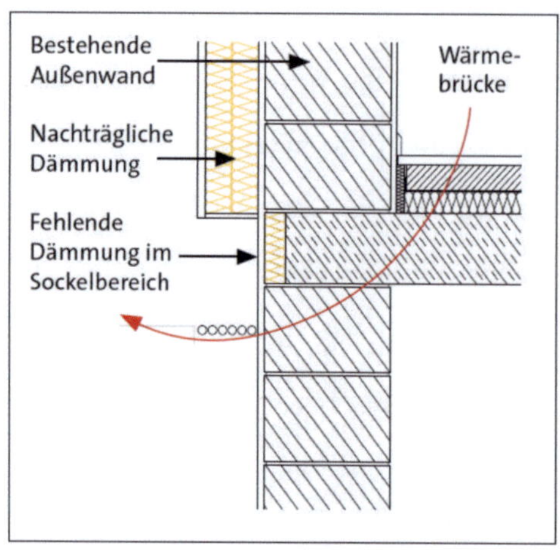

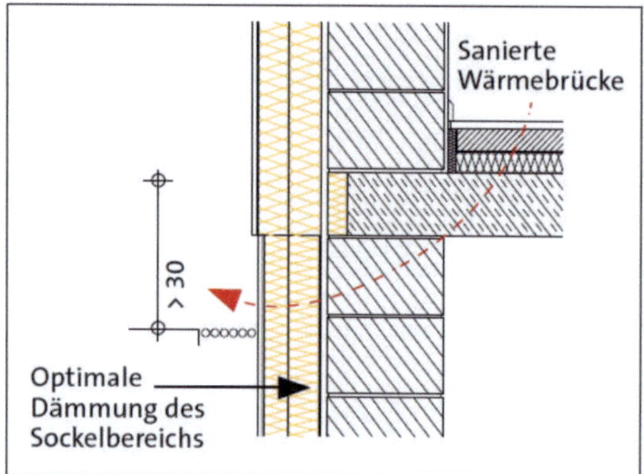

Abbildung 14: Wärmebrücke durch unzureichende Sockeldämmung (links) / Fachgerechte Sockelausbildung (rechts)[70]

Um nachträgliche Dämmmaßnahmen durchführen zu können, müssen die Bauteile freigelegt werden. Dies ist schwierig und teuer. Maßnahmen zur nachträglich Dämmung können zwei Prioritätsstufen zugeordnet werden:

1. Um Wärmebrücken zu vermeiden, ist es notwendig, alle Kelleraußenwände im Sockelbereich (dort, wo sie aus dem Erdreich ragen) mit einer mindestens 10cm starken Wärmedämmung zu versehen. Um Wärmeverluste beheizter Kellerräume zu verringern, ist diese Dämmung so weit wie möglich ins Erdreich herunter zu ziehen.

2. Bei beheizten Kellerräumen sollte nach Möglichkeit die Dämmung in einer Stärke von mindestens 6cm bis auf die Oberkante der Fundamente herunter geführt werden. Dies lohnt sich erst im Zusammenhang mit

[70] Vgl. Haas-Arndt, D.: Altbauten sanieren – Energie sparen, 2008, Seite 66f.

ohnehin vorgenommenen Maßnahmen zur Verbesserung des Feuchteschutzes der Kelleraußenwände.

Zu beachten ist, dass die Dämmung feuchtebeständig sein muss. Hierfür ist die sogenannte **Perimeterdämmung** am besten geeignet. Meist werden Perimeterplatten aus extrudiertem Polystyrol, aus Polyurethan oder Schaumglasplatten aufgeklebt. Die Verwendung von Schaumglas wird empfohlen, da die Herstellung weniger energieaufwendig ist.

5.5 Fenster und Türen

Zu den Aufgaben des Fensters vor Einflüssen von außen, der Abschirmung vor Wind, Regen und Kälte zu schützen gehören auch die Aufgaben, im Winter keine Wärme verloren gehen zu lassen und im Sommer durch die Sonne nicht allzu viel Wärme ins Haus bringen. Diese beiden Aufgaben werden heute dank moderner Funktionsverglasungen erfüllt. Der Wärmeschutz bei **Isolierglas** wird hauptsächlich durch eine Vergrößerung des Scheibenzwischenraumes bzw. der Beschichtung des Glases erreicht. Der Wärmedurchfluss durch Isolierglas erfolgt auf drei Arten:

- Wärmestrahlung zwischen den Scheiben
- Wärmeleitung der Luft bzw. des Gases im Scheibenzwischenraum
- Konvektion der Luft oder des Gases

Bei Normalisolierglas entfallen ca. 2/3 des Wärmeflusses auf die Wärmestrahlung und 1/3 auf die Wärmeleitung und Konvektion. Bei beschichteten **Wärmefunktionsgläsern** bzw. Wärmeschutzgläsern wird die Wärmestrahlung fast vollständig unterdrückt, wobei die Wärmeleitung und die Konvektion unverändert bleiben. Im sichtbaren Strahlungsbereich (Sonnenstrahlen) sind die Wärmefunktionsschichten sehr transparent, während sie im langwelligen Strahlungsbereich (Wärmestrahlung) sehr reflektierend sind.

Das bewirkt in der Praxis, dass die Sonnenenergie relativ ungehindert in den Innenraum gelangen kann, wo die Raumbegrenzenden Flächen diese Energie aufnehmen und sie als Wärmestrahlen wieder abgeben. Die Wärmefunktionsschicht, eine hauchdünne Edelmetallbeschichtung, verhindert jedoch den Austritt der langwelligen Wärmestrahlen. Die Innenscheibe wird dadurch annähernd auf Zimmertemperatur erwärmt und trägt somit entscheiden zur Behaglichkeit bei.

Sanierung vorhandener Fenster

Sofern alte Fenster noch in einem guten Zustand sind, besteht die Möglichkeit nachträglich elastische Fugendichtungen einbauen zu lassen. Zusätzlich kann bei einfach verglasten Fenstern eine zusätzliche Scheibe auf der Innenseite angebracht werden.

Eine weitere Alternative besteht darin, in die vorhandenen Rahmen eine Wärmeschutzverglasung einzubauen. Es ist zu überprüfen, ob die Beschläge die Zunahme an Gewicht auch aufnehmen können. Es wird somit ein sehr guter Wärmeschutz durch Herstellen eines Kastenfensters geboten. Dabei wird auf der Innenseite der Wand ein weiteres Fenster angebracht. Das innere Fenster wird mit Wärmeschutzglas und Fugendichtungen versehen.[71]

Fenstererneuerung

Bei zu starker Beschädigung der alten Fenster kommt sinnvollerweise nur eine komplette Erneuerung der Fenster in Betracht. Dabei stehen als Rahmenmaterialien Holz, Aluminium oder Kunststoff zur Verfügung. Es ist nicht nur auf den U-Wert der Verglasung zu achten, sondern auch auf den des gesamten Fensters, da die Rahmenmaterialien auch unterschiedliche Wärmeleitfähigkeiten besitzen.

Bei der Verglasung kann zwischen Isolier- oder Wärmeschutz-Isolierverglasung in zwei- oder dreifacher Ausführung gewählt werden.[72]

Außentüren

Der Wärmeschutz bei Türen hängt vom Material des Rahmens und des Blattes, sowie der Dichtheit und der Stärke ab. Bei Türen an windigen Stellen ist der Einbau eines Windfangs zu empfehlen.[73]

---

[71] Vgl. DENA – Deutsche Energie-Beratung: Energieeinsparung an Fenstern und Außentüren, 2006, S.7.
[72] Vgl. A.a.O., S.5ff.
[73] Vgl. A.a.O., S.11.

Die auf der nachfolgenden Seite dargestellte Tabelle zeigt eine Übersicht über die Höchstwerte der Wärmedurchgangskoeffizienten bei erstmaligem Einbau, Ersatz und Erneuerung von Bauteilen.

Bauteil	**Maßnahme**	**Maximaler Wärmedurchgangskoeffizient U_{max} in W/(m²/K)**	
		Gebäude mit normalen Innentemperaturen	**Gebäude mit niedrigen Innentemperaturen**
Aussenwände	Allgemein	0,45	0,75
	Anbringung von Bekleidungen in Form von Platten oder plattenartigen Bauteilen oder Verschalungen sowie Mauerwerks-Vorsatzschalen	0,35	0,75
	Einbau von Dämmschichten	0,35	0,75
	Erneuerung des Aussenputzes bei einer bestehenden Wand mit einem Wärmedurchgangskoeffizienten größer 0,9W/(m²K)	0,35	0,75
Aussen liegende Fenster, Fenstertüren, Dachflächenfenster Verglasungen	Ersatz oder erstmaliger Einbau des gesamten Bauteils	1,70	2,80
	Einbau zusätzlicher Vor- oder Innenfenster	1,50	keine Anf.
Vorhangfassaden	Allgemein	1,90	3,00
Aussen liegende Fenster, Fenstertüren, Dachflächenfenster mit Sonderverglasungen	Ersatz oder erstmaliger Einbau des gesamten Bauteils	2,00	2,80
	Einbau zusätzlicher Vor- oder Innenfenster	2,00	
Sonderverglasungen	Ersatz der Verglasung	1,60	keine Anf.
Vorhangfassaden mit Sonderverglasungen	Ersatz der Füllung (Verglasung oder Paneele)	2,30	3,00
Decken, Dächer und Dachschrägen Dächer	Maßnahmen an Steildächern	0,30	0,40
	Maßnahmen an Flachdächern	0,25	0,40
Decken und Wände gegen unbeheizte Räume oder Erdreich	Anbringung oder Erneuerung aussenseitiger Bekleidungen oder Verschalungen, Feuchtigkeitssperren oder Drainagen	0,40	keine Anf.
	Anbringung von Deckenbekleidungen auf der Kaltseite	0,40	keine Anf.
	Ersatz, erstmaliger Einbau	0,50	keine Anf.
	Anbringung innenseitiger Bekleidung oder Verschalungen der Wände	0,50	keine Anf.
	Aufbau oder Erneuerung von Fußbodenaufbauten auf der beheizten Seite	0,50	keine Anf.
Aussentüren	Erneuerung	2,90	keine Anf.

[74]

Abbildung 15: Höchstwerte der Wärmedurchgangskoeffizienten bei erstmaligem Einbau, Ersatz und Erneuerung von Bauteilen

[74] Eigene Bearbeitung

5.6 Heizung

Spätestens bis Ende 2008 müssen Heizkessel getauscht werden, die vor 1978 eingebaut wurden.[75] Bei einer Erneuerung sollte zuerst die Verfügbarkeit der einzelnen Energieträger geprüft werden. Danach muss zwischen Niedertemperatur- und Brennwertkessel gewählt werden.

Niedertemperaturkessel

Im Gegensatz zu den alten Standardheizkesseln, die eine ständige Vorlauftemperatur zwischen 70 und 90 Grad vorhielten, senkt der Niedertemperaturkessel seine Wassertemperatur, der Außentemperatur angepasst, ab. Das Wasser wird nur noch so weit aufgeheizt, wie es zur Beheizung des Gebäudes notwendig ist. Somit ist die Wassertemperatur an kalten Tagen höher, als an warmen Tagen. Der Nutzungsgrad[76] bei Niedertemperaturkesseln liegt bei etwa 91 bis 94 Prozent.[77]

Der Nutzungsgrad eines Heizkessels ist die während eines Jahres nutzbar gewordene Wärme bezogen auf die mit dem Brennstoff zugeführte Heizenergie.

Brennwertkessel

Brennwertkessel sind eine Weiterentwicklung der Niedertemperaturkessel. Sie verursachen deutlich weniger Schadstoffemissionen und verbrauchen ca. 10 % weniger Brennstoff. Dabei stellt Gas den optimalen Brennstoff dar. Die Einsparung wird erreicht, indem der im Abgas enthaltene Wasserdampf im Heizkessel, im Wärmetauscher oder im Abgasrohr kondensiert wird. Die bei der Kondensation frei werdende Energie wird dem Heizkreislauf zugeführt. Der Nutzungsgrad bei Brennwertkesseln liegt bei 103 bis 108 Prozent. Bei ölbefeuerten Brennwertkesseln ist der Nutzungsgrad etwas geringer. Die Mehrkosten für einen Gas-Brennwertkessel im Vergleich zu Niedertemperaturkesseln betragen etwa 300 bis 800 Euro.[78]

---

[75] Siehe Kapitel 3.4.2.4.
[76] http://de.wikipedia.org/wiki/Nutzungsgrad, Aufruf vom 28.11.2008.
[77] Vgl. DENA - Deutsche Energie Agentur: Modernisierungsratgeber Energie, 2003, S.5.
[78] Vgl. A.a.O., S.15.

5.7 Lüftungsanlagen

Bei der energetischen Sanierung ist die Schaffung einer dichten Gebäudehülle, um die Lüftungswärmeverluste zu reduzieren, sehr wichtig. Trotzdem muss die Luft im Gebäude regelmäßig getauscht werden. Dabei kann eine Lüftungsanlage die Energieverluste reduzieren. Lüftungsanlagen ziehen die Luft in den Räumen ab, in denen sie am meisten verbraucht wird, z.B. Bad und Küche. Frische Luft wird in Schlaf- und Wohnräumen zugeführt. Die Zuführung erfolgt entweder über ein Kanalsystem oder über direkte Nachströmöffnungen. Die Luft wird über definierte Undichtigkeiten durch das Gebäude geleitet. Die Lüftungsanlage wird mit einem Ventilator betrieben, ergänzend kann ein Wärmetauscher zur Wärmerückgewinnung (WRG) eingebaut werden.

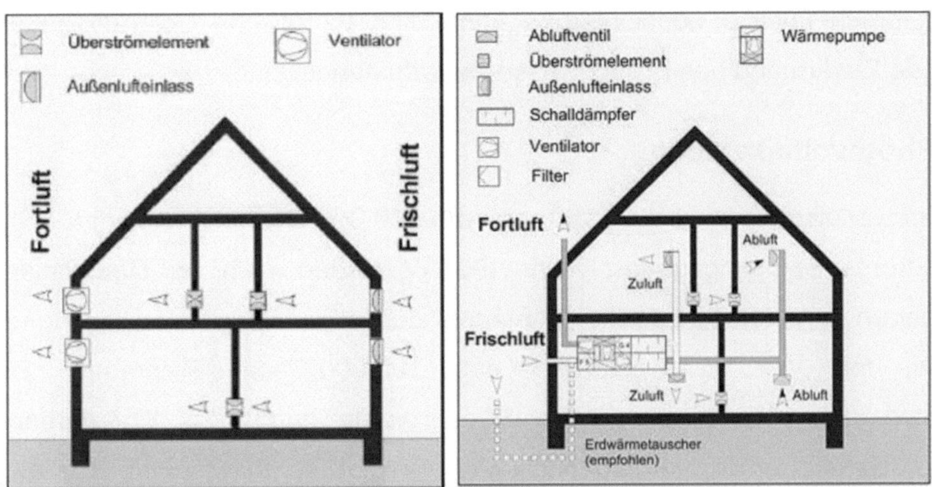

Abbildung 16: Lüftungsanlage mit zentraler Abluft und dezentraler Zuluft (links); Zentrale Lüftungsanlage mit Wärmerückgewinnung (rechts)[79]

5.8 Erneuerbare Energien

Die heutige Technik lässt es zu, dass Heizung, Warmwasser und Strom nicht nur auf fossilen Brennstoffen basieren müssen, sondern auch andere Energieträger in der Haustechnik zum Einsatz kommen können, wie im Folgenden beschrieben wird.

---

[79] Vgl. http://www.airoptima.de/8.html, Aufruf vom 08.10.2008.

5.8.1 Thermische Solaranlagen

Diese Anlagen können, unterschiedlich dimensioniert, entweder nur die Brauchwassererwärmung oder auch zusätzlich die Heizung mit unterstützen. Dabei wird die, auf den im Kollektor befindlichen Absorber, auftreffende Sonneneinstrahlung an ein Wärmeträgermedium weitergegeben, dass das Brauch- und Heizwasser erwärmt.

Es gibt drei verschiedene Kollektorarten:

- Flachkollektor
- Vakuumkollektor
- Luftkollektor

Bei entsprechender Dimensionierung kann eine thermische Solaranlage die komplette Erwärmung des Brauchwasserbedarfs abdecken.[80]

5.8.2 Photovoltaikanlage

Die Photovoltaiktechnik wurde 1990 mit dem 100.000-Dächer-Programm[81] und dem Stromeinspeisungsgesetz von 1991 gefördert, um in Deutschland Erfahrungen mit netzgekoppelten Anlagen der allgemeinen Versorgung zu machen. Im Jahr 1999 startete das 100.000-Dächer-Programm. Die Mindestvergütung für eingespeisten Strom wurde durch das Erneuerbare-Energien-Gesetz erhöht. Photovoltaik-Module gibt es inzwischen in vielen verschiedenen Varianten, z.B. als Dachziegel, als Imdach- oder Aufdachsysteme. Die Leistungsfähigkeit einer photovoltaikschen Solaranlage ist abhängig von den verwendeten Materialien (monokristalline, polykristalline oder amorphe Solarzellen), der Ausrichtung (am optimalsten nach Süden), sowie dem Winkel (etwa 30°) der Module.

5.8.3 Kraft-Wärme-Kopplung-Gesetz (KWK-Gesetz)

Das Kraft-Wärme-Kopplungs-Gesetzes ist der "befristete Schutz und die Modernisierung von Kraft-Wärme-Kopplungsanlagen sowie der Ausbau der Stromerzeugung in kleinen KWK- Anlagen sowie die Markteinführung der

---

[80] Vgl. Grobe, C.: Passivhäuser planen und bauen, 2002, S.64ff.

[81] Programm zur Solarstromförderung, http://www.100000daecher.de/details.html, Aufruf vom 01.12.2008.

Brennstoffzelle im Interesse der Energieeinsparung, des Umweltschutzes und der Erreichung der Klimaschutzziele der Bundesregierung".[82] Das KWK-Gesetz tritt am 31. Dezember 2010 außer Kraft.

Antragsberechtigte

Antragsberechtigte sind die Betreiber zuschlagsberechtigter Kraft- Wärme-Kopplungsanlagen (KWK- Anlagen). Als Betreiber einer KWK- Anlage gilt, wer den Strom in ein Netz der allgemeinen Versorgung einspeist.

Geförderte Vorhaben

Für neue KWK- Anlagen mit einer Nennleistung unter 50KW, die vor dem 31.Dezember.2005 in Dauerbetrieb genommen wurden, sowie für neue Brennstoffzellen-Anlagen, die vor dem Außerkrafttreten des KWK-Gesetzes in Dauerbetrieb genommen werden, ist das Gesetz mit der jeweiligen Dauer von zehn Jahren ab Inbetriebnahme weiter anzuwenden. Unter das Gesetz fallen alle KWK-Anlagen auf Basis von fossilen Brennstoffen inkl. Abfall und Biomasse.

Art der Förderung

Die Betreiber von KWK-Anlagen erhalten danach vom jeweiligen Netzbetreiber einen Zuschlag für den in ein Netz der allgemeinen Versorgung eingespeisten KWK-Strom. Die Höhe des Zuschlags richtet sich nach der Anlagenkategorie, die im Rahmen des Zulassungsverfahrens festgestellt wird. Die Höchstförderung von 5,11 Cent je Kilowattstunde (kWh) wird vergütet für KWK-Anlagen mit einer elektrischen Leistung bis 50 kW, die im Zeitraum vom 01.April.2002 bis 31.Dezember.2005 erstmals in Dauerbetrieb genommen wurden, sowie für Brennstoffzellen-Anlagen.

5.8.4 Wärmepumpe

Die Wärmepumpe ist eine thermodynamische Heizung, die es ermöglicht Umweltwärme (wie zum Beispiel Erdwärme, Luft, usw.) nutzbar zu machen. Wärmepumpen müssen optimalerweise in Verbindung mit

[82] §1 Abs. 1 Kraft-Wärme-Kopplungs-Gesetz.

Flächenheizungssystemen, wie Fußboden- oder Wandflächenheizung, betrieben werden.

Neueste Entwicklungen von Wärmepumpen arbeiten auch mit Radiatorenheizkreisen und sind so auch für die Altbausanierung nutzbar.

Man unterscheidet zwischen verschiedenen Varianten der Wärmepumpen. Die Luft/Wasser-Wärmepumpen haben den Vorteil, dass sie, im Gegensatz zu Sole/Wasser und Wasser/Wasser-Wärmepumpen, kostengünstig zu erschließen sind. Ebenso ist kein Bewilligungsverfahren notwendig und es sind keine besonderen Anforderungen an die Grundstücksgröße zu stellen. Nachteilig ist, dass die Luft/Wasser-Wärmepumpen im Winter mit einer sehr kalten Wärmequelle arbeiten müssen. Deshalb benötigen sie pro Jahr etwas mehr Antriebsenergie als die anderen Bauarten. Dies ist allerdings im Hinblick auf die viel niedrigeren Anschaffungskosten vertretbar.

6. Fördermöglichkeiten

Die Einhaltung der Grenzwerte der EnEV kann bei anstehenden Sanierungen zu einer enormen finanziellen Belastung des Immobilieneigentümers führen. Um der Einhaltung dieser Vorschriften einen Anreiz zu bieten, werden von Bund, Ländern, Kommunen und teilweise auch von den Energieversorgungsunternehmen Förderprogramme speziell für den Bereich Altbau- und energetische Modernisierung angeboten. Durch die im Kyoto-Protokoll zugesagte CO_2- Einsparung[83] steht insbesondere der Staat auch in der Pflicht, Immobilieneigentümer bei der Mithilfe zur Senkung der Treibhausgase zu unterstützen. Anreize zur energetischen Gebäudesanierung werden meistens über zinsverbilligte Darlehen geboten. Nachfolgend werden Förderprogramme, die im Bereich Niedersachsens verfügbar sind, vorgestellt. Die Fördermöglichkeiten für die neuen Bundesländer sind für diese Arbeit nicht ausschlaggebend. Deshalb wird hier nicht auf sie eingegangen.

Des Weiteren werden nur Förderprogramme genannt, die in Beziehung mit energieeinsparenden Maßnahmen stehen.

6.1 Kreditanstalt für Wiederaufbau

Die Kreditanstalt für Wiederaufbau (KfW)-Bankengruppe ist zu 80% im Besitz des Bundes, die restlichen 20% verteilen sich auf die Länder. Die KfW-Bankengruppe sieht sich als impulsgebende Institution gegenüber Wirtschaft, Gesellschaft und Ökologie in Deutschland. Die Förderprogramme für Schaffung von Wohneigentum, Sanierung und Modernisierung, sowie zur Nutzung erneuerbarer Energien, unterstehen der KfW-Förderbank. An dieser Stelle soll speziell auf die ökologischen Programme eingegangen werden, namentlich das CO_2-Gebäudesanierungsprogramm und das Programm zur CO_2-Minderung.[84]

---

[83] Vgl. Kapitel 2.
[84] Vgl. KfW – Kreditanstalt für Wiederaufbau, www.kfw.de/DE/Die%20Bank/Inhalt.jsp, Aufruf vom 17.11.2008.

6.1.1 CO_2-Gebäudesanierungsprogramm

Das Gebäudesanierungsprogramm ist Bestandteil des nationalen Klimaschutzprogramms und dient der zinsgünstigen und langfristigen Finanzierung von umfangreichen energetischen Sanierungsmaßnahmen im Altbaubestand.

Die Förderung beschränkt sich auf Wohngebäude, die vor dem Jahr 1979 fertig gestellt worden sind und deren Sanierung einen Einspareffekt von mindestens 40kg CO_2/m^2 Gebäudenutzfläche und Jahr erreicht.

Antragsberechtigte

Träger von Investitionsmaßnahmen an selbst genutzten oder vermieteten Wohngebäuden (Privatpersonen, Wohnungsunternehmen, Gemeinden, etc.).

Geförderte Vorhaben

Es stehen sechs Maßnahmenpakete zur Verfügung:

Maßnahmenpaket 0: Wärmedämmung der Außenwände, des Daches, der Kellerdecke oder erdberührter Außenflächen beheizter Räume und Erneuerung der Fenster

Maßnahmenpaket 1: Erneuerung der Heizung und Wärmedämmung des Daches und Wärmedämmung der Außenwand

Maßnahmenpaket 2: Erneuerung der Heizung und Wärmedämmung des Daches und Wärmedämmung der Kellerdecke oder erdberührter Außenflächen beheizter Räume und Erneuerung der Fenster

Maßnahmenpaket 3: Erneuerung der Heizung, Umstellung des Heizenergieträgers und Erneuerung der Fenster[85]

Alle Maßnahmen müssen vollständig am gesamten Gebäude durchgeführt werden.

Bei der Ausführung der Maßnahmenpakete 0-3 sind technische Mindestanforderungen gestellt. So dürfen bei der Erneuerung der Heizkessel

---

[85] Vgl. www.kfw-foerderbank.de/DE/Service/KfW-Forum26/M_CO2_Mind.pdf (2004), Aufruf vom 03.12.2008.

nur Niedertemperatur- oder Brennwertkessel[86] eingebaut werden. Als Erneuerung der Heizung gelten auch Anlagen zur Nutzung erneuerbarer Energien, sowie Wärmepumpen. Des Weiteren werden bauteilbezogene Mindestdämmstoffdicken in Abhängigkeit von der Wärmeleitfähigkeitsgruppe vorgeschrieben. Für die Erneuerung der Fenster wird eine Mehrscheibenisolierverglasung mit einem max. Uw ≤ 1,5 W/(m²K) vorgegeben.

Die Einhaltung der Mindestanforderungen garantiert, seitens der KfW Bank, das Erreichen der erforderlichen 40kg CO2-Einsparung pro m² Wohnfläche und Jahr und muss nicht zusätzlich durch einen externen Sachverständigen belegt werden.

Sofern die zu finanzierende Sanierungsmaßnahme nicht in den ersten vier Paketen unterzubringen ist, z.B. bei teilsanierten Gebäuden, stehen folgende Maßnahmenpakete zur Verfügung:

Maßnahmenpaket 4:	Abweichende Maßnahmen oder Kombinationen außerhalb der Pakete 0 – 3, sowie Abweichungen von den technischen Mindestanforderungen. Mögliche Maßnahmen: Mechanisch betriebene Lüftungsanlagen, Erdwärmetauscher, transparente Wärmedämmung, Photovoltaikanlagen, Wärmepumpen, Anlagen zur Kraft-Wärme-Kopplung
Maßnahmenpaket 5:	Austausch von Kohle-, Öl- und Gaseinzelöfen, Nachtspeicherheizungen sowie Kohlezentralheizungen durch Einbau von Wärmeversorgungsanlagen im Sinne der EnEV oder Einbau eines Gas- oder Brennwertkessels in Kombination mit Solarkollektoranlagen

Das Erreichen der geforderten CO2 -Einsparung für das Maßnahmenpaket 4 ist seitens des Darlehensnehmers, durch Bestätigung eines Sachverständigen zu belegen.

Als Sachverständige werden im Sinne der KfW-Bank zugelassene Energieberater und nach Landesrecht berechtigte Personen für die Aufstellung

[86] Vgl. §11 EnEV.

von EnEV- Nachweisen anerkannt. Für alle Maßnahmenpakete gelten die Mindestanforderungen der Energieeinsparverordnung.

6.1.2 KfW-Programm zur CO_2-Minderung

Dieses Programm soll Einzelmaßnahmen an bestehenden Wohngebäuden im Bereich Wärmedämmung und Heizungserneuerung, sowie Anlagen zur Nutzung erneuerbarer Energien, fördern. Außerdem werden KfW-Energiesparhäuser 60 gefördert.[87]

Maßnahmen zur CO_2-Minderung:

- Verbesserung der Wärmedämmung der Außenwände
- Verbesserung der Wärmedämmung des Daches
- Erneuerung der Fenster
- Wärmedämmung der Kellerdecke oder der erdberührten Außenflächen
- Installation von Brennwertkesseln
- Installation von Niedertemperaturkesseln
- Installation für Fern- oder Nahwärmeversorgung
- Installation von solaren Nahwärmeversorgungen

Maßnahmen zur Nutzung erneuerbarer Energien:

- Kraft-Wärme-Kopplungs-Anlagen
- Wärmepumpen
- Photovoltaik-Anlagen
- Biogasanlagen
- Geothermische Anlagen
- Wärmetauscher
- Wärmerückgewinnungsanlagen
- Biomasseanlagen
- Holzvergaser

Es können bis zu 100 % der Investitionssumme finanziert werden, höchstens jedoch 5 Mio. €. Für KfW-60-Häuser liegt der Höchstbetrag bei 30.000 € je

---

[87] Definition vom KfW Energieeinsparhaus 60: Der Jahres-Primärenergiebedarf darf 60kWh je m² Gebäudenutzfläche nicht übersteigen und der spezifische Transmissionswärmeverlust (H_T) muss den in der EnEV zulässigen Höchstwert (Anhang 1, Tabelle 1 EnEV) um 30% unterschreiten.

Wohneinheit. Für den Antrag und die Bewilligung der Fördermittel gelten dieselben Bedingungen wie beim CO_2-Gebäudesanierungsprogramm, ausgenommen der Auszahlung, die bei 96 % liegt.[88]

6.1.3 Programm zur Förderung erneuerbarer Energien

Die Rahmenbedingungen unserer Energieversorgung haben sich in den vergangenen Jahren verändert. Stark gestiegene Preise für Heizöl und Erdgas zeigen, dass diese Brennstoffe zukünftig nicht kostengünstig zur Verfügung stehen. Bedingt durch den weltweit wachsenden Energiebedarf bei gleichzeitig steigendem Aufwand für die Erschließung der Rohstoffe werden konventionelle fossile Brennstoffe zu einem hochpreisigen, international begehrten Gut. Zudem können internationale politische Konflikte immer wieder zu Preisanstiegen führen, denn Öl und Gas stammen zu einem großen Teil aus relativ instabilen Regionen.[89]

Die genaue Entwicklung der Brennstoffpreise lässt sich nicht vorhersagen; unbestritten ist aber, dass sie mittel- bis langfristig weiter steigen werden. Ein Jahresverbrauch von 4.500 Litern Heizöl ist heute für eine vierköpfige Familie in einem Haus mit 150m² nicht ungewöhnlich und belastet bei derzeitigen Preisen schon mit rund 2.700€ das Haushaltsbudget enorm. Egal ob Eigentümer oder Mieter: Heizkosten werden zu einer immer stärkeren Belastung für deutsche Haushalte. Allein in den Jahren 1996 bis 2006 sind die Preise für Heizenergie im Mittel um 84% angestiegen.

Hier setzt die energetische Sanierung des Gebäudes an, bei der verschiedene Maßnahmen sinnvoll ineinander greifen. Durch eine verbesserte Dämmung der Gebäudehülle wird der Verlust der Wärmeenergie und damit der Energiebedarf gesenkt. Neue, moderne Heiztechnik sorgt dafür, dass der verbleibende Energiebedarf effizient gedeckt wird. Hier kommen erneuerbare Energien zum Einsatz (Windkraft, Erdwärme, Sonne, usw.)

Der Export erneuerbarer Energietechnik hat sich in den vergangenen Jahren sehr positiv entwickelt. Erneuerbare Energien geben damit einen wichtigen und positiven Impuls für die gesamtwirtschaftliche Entwicklung.

---

[88]Vgl. www.kfw-foerderbank.de/DE/Service/KfW-Forum26/M_CO2_Mind.pdf, 2004, Aufruf vom 03.12.2008.

[89] Vgl. Kapitel 2.2

Eine energieeffiziente Gebäudesanierung mit erneuerbaren Energien rechnet sich also, sowohl individuell, als auch für uns alle.[90]

6.1.4 Wohnraum- Modernisierungsprogramm 2003

Das Wohnraum-Modernisierungsprogramm 2003 soll Instandsetzungsmaßnahmen, Sanierungsmaßnahmen und Maßnahmen zur Verbesserung des Wohnumfeldes unterstützen. Finanziert werden Maßnahmen, die in selbstgenutzten oder nach BGB vermieteten Wohneinheiten durchgeführt werden. Gefördert werden bis zu 100 % der Kosten, begrenzt auf einen Betrag von 250 €/m² Wohnfläche, wiederum in Form eines zinsverbilligten Kredites. Eine Kumulierungsmöglichkeit mit anderen Darlehen der KfW ist möglich. Anträge stellen können alle, die Träger der Investitionsmaßnahmen bei selbstgenutzten oder vermieteten Wohngebäuden sind. Die maximale Kreditlaufzeit beträgt 30 Jahre bei einer Auszahlung von 100 %.[91]

6.2 Bundesamt für Wirtschaft und Ausfuhrkontrolle

Das Bundesamt für Wirtschaft und Ausfuhrkontrolle (BAFA) ist eine Bundesoberbehörde im Geschäftsbereich des Bundesministeriums für Wirtschaft und Technologie (BMWi).

In den Bereichen Außenwirtschaft, Wirtschaftsförderung und Energie nimmt es wichtige administrative Aufgaben des Bundes wahr.[92]

6.2.1 Energiesparberatung – „Vor-Ort-Beratung“

Das BAFA stellt ein Förderprogramm in Form eines Zuschusses zur Energiesparberatung, einer „Vor-Ort-Beratung“, zur Verfügung. Die Förderung darf in Anspruch genommen werden, sofern das zu bewertende Gebäude vor 1984 (alte Länder) bzw. 1989 (neue Länder) genehmigt wurde und danach an der Gebäudehülle keine Veränderungen, die über 50 % betragen, durchgeführt wurden. Außerdem muss mindestens die Hälfte der Gebäudefläche zu

[90] Vgl. KfW – Kreditanstalt für Wiederaufbau, www.kfw.de/DE/Die%20Bank/Inhalt.jsp, Aufruf vom 17.11.2008.

[91] Vgl. KfW – Kreditanstalt für Wiederaufbau, www.kfw.de/DE/Service/KfW-Forum26/M_Erneuerbare.pdf, Aufruf vom 17.11.2008.

[92] Vgl. Bundesanstalt für Wirtschaft und Ausfuhrkontrolle, http://www.bafa.de/bafa/de/das_bafa/index.html, Aufruf vom 22.10.2008.

Wohnzwecken genutzt werden. Antragsberechtigt sind natürliche und juristische Personen, Unternehmen, Agrarbetriebe und gemeinnützige Einrichtungen. Wohnungseigentümer sind ebenfalls antragsberechtigt, sofern sich die Beratung auf das **gesamte** Gebäude bezieht. Der Zuschuss ist gestaffelt nach der Anzahl der Wohneinheiten des betreffenden Gebäudes (s. Abbildung 17).

Anzahl Wohneinheiten (WE)	zuwendungsfähige Ausgaben in € (ohne MwSt.)	Bundesanteil in €
1-/2-Familienhaus	450,00	300,00
bis 6 WE	600,00	320,00
bis 15 WE	850,00	340,00
bis 30 WE	1100,00	360,00
bis 60 WE	1350,00	380,00
bis 120 WE	1600,00	400,00

Abbildung 17: Zuschüsse des BAFA für Energieberatung vor Ort[93]

Für einige der genannten Förderprogramme ist die Vor-Ort-Beratung unumgänglich, um die Fördervoraussetzungen überhaupt zu erfüllen.

6.2.2 Marktanreizprogramm

Das BAFA bietet bezüglich erneuerbarer Energien das Marktanreizprogramm an. Das Marktanreizprogramm fördert Solaranlagen, Biomasseanlagen und PV-Anlagen. Solaranlagen werden bei der Erstinstallation mit einem Betrag von 110 €/m² bis zu einer Größe von 200 m² gefördert. Eine Erweiterung einer bestehenden Anlage wird mit 60 €/m² gefördert. Biomasseanlagen, die automatisch beschickt werden, wie z.B. Holzpelletsanlagen werden mit 60 €/kW mindestens jedoch 1.700 € gefördert. Voraussetzungen dafür sind: Die Nennwärmeleistung muss zwischen acht und 100 kW liegen und der Wirkungsgrad muss mindestens 88 % betragen. PV-Anlagen werden pauschal mit 3.000 € je Einzelanlage gefördert.[94]

6.3 Kommunen

Einige Kommunen bieten sehr viele unterschiedliche Fördermöglichkeiten in Form von Zuschüssen für Solarthermik, Photovoltaik, Heizungsumrüstung etc. an. Aufgrund der vielen verschiedenen Fördermöglichkeiten einzelner Kommunen, wird hierbei nicht näher darauf eingegangen.

---

93 Vgl. A.a.O., Aufruf vom 24.10.2008.

94 Vgl. Bundesanstalt für Wirtschaft und Ausfuhrkontrolle, http://www.bafa.de/1/aufgaben/energie.htm, Aufruf vom 22.10.2008.

7. Wirtschaftlichkeitsberechnungen

Bevor auf ein einzelnes Beispiel anhand eines Wohngebäudes eingegangen wird, sollten zunächst die Ziele der Wirtschaftlichkeitsberechnung vor Augen geführt werden. Die Hauptaufgabe besteht darin, dem Investor zu zeigen, ob eine Investition absolut vorteilhaft ist und in welchem Verhältnis die Summe der Erträge einer Investition zu der Summe der Ausgaben steht. Als nächster Punkt muss die relative Vorteilhaftigkeit einer Investition, also der Vergleich verschiedener Investitionsvarianten, beachtet werden. Ebenso spielt der Zeitpunkt der Rückflüsse eine wichtige Rolle, da eine Investition, speziell im Immobilienbereich, meist eine langfristige Kapitalbindung bedeutet.[95]

Bereits 1976 wurde im Zuge des EnEG auf die Wirtschaftlichkeit bei energetischen Sanierungen hingewiesen. „Die Rechtsverordnungen nach den in §§ 1 bis 4 aufgestellten Anforderungen müssen nach dem Stand der Technik erfüllbar und für Gebäude gleicher Art und Nutzung wirtschaftlich vertretbar sein. Anforderungen gelten als wirtschaftlich vertretbar, wenn generell die erforderlichen Aufwendungen innerhalb der üblichen Nutzungsdauer durch die eintretenden Einsparungen erwirtschaftet werden können. Bei bestehenden Gebäuden ist die noch zu erwartende Nutzungsdauer zu berücksichtigen."[96]

Nachfolgend werden verschiedene Methoden der Investitionsrechnung vorgestellt und definiert, inwiefern sie zur Wirtschaftlichkeitsberechnung im Bereich der energetischen Sanierung anwendbar sind.

7.1 Statische Methoden

Statische Methoden werden in der Energiewirtschaft und bei der Industrie zur Beurteilung der Wirtschaftlichkeit von relativ kleinen Investitionsvorhaben, insbesondere zur Einsparung von Energie- bzw. Betriebskosten, eingesetzt. Wegen ihrer zumeist relativ kleinen Größenordnung erscheint es in diesem Zusammenhang sinnvoller, von Maßnahmen anstatt von Investitionsvorhaben zu sprechen.

---

[95] Vgl. Schulte, K.: Handbuch Immobilien-Investition, 1998, S.130f.
[96] EnEG – Energieeinsparungsgesetz §5, Abs. 1 (2008), S.3.

7.1.1 Amortisationsrechnung

Im Rahmen von Energieuntersuchungen oder Energieeinsparstudien wird eine Reihe von Maßnahmen identifiziert, die zur Betriebskosteneinsparung beitragen können. Es ist nicht notwendig und meist auch aus Kostengründen nicht vertretbar, rechenaufwändige Methoden für die Beurteilung der Wirtschaftlichkeit solcher Maßnahmen anzuwenden.

Ein geeignetes und übersichtliches Verfahren für diesen Zweck ist die statische Amortisationsrechnung. Hierbei wird die Anzahl der Jahre berechnet, die nötig sind, bis das eingesetzte Kapital für eine Maßnahme durch Kosteneinsparungen wieder erwirtschaftet wird. Dabei wird die Verzinsung allerdings nicht berücksichtigt. In der Praxis werden die jährlichen Einsparungen als konstant angenommen.[97]

$$\text{Amortisationszeit} - \text{Zeit } t = \frac{Kapitaleinsatz}{Netto - Einsparung} = \frac{I_0}{E - A} \qquad [a]$$

Mit: t = Amortisationszeit in Jahren

I_0 = Kapitaleinsatz in €

E-A = Kosteneinsparung gegenüber Nullvariante in €/a

Die Amortisationszeit von Energieeinsparmaßnahmen wird in der Regel gegen eine Nullvariante, meistens bei Fortführung des IST-Zustandes, gerechnet. Dann sind die Differenzinvestition und die Kosteneinsparung in Bezug auf diese Nullvariante in die Formel einzusetzen.[98]

7.1.2 Rentabilitätsrechnung

Bei der Rentabilitätsrechnung wird der durchschnittliche Einnahmenüberschuss pro Jahr bzw. die Betriebskosteneinsparung bezogen auf das durchschnittlich gebundene Kapital ermittelt, und mit der vom Unternehmen erwarteten Mindestrentabilität verglichen. Eine Investition ist wirtschaftlich, wenn die berechnetet Rentabilität höher ist, als die erwartete Mindestrentabilität (absolute

[97] Vgl. Olfert, K.: Investition, 2001, S.188f.
[98] Vgl. A.a.O.

Wirtschaftlichkeit). Bei Alternativinvestitionen ist die Variante mit der höchsten Rentabilität die Vorzugsvariante.

In der Praxis wird die Rentabilitätsrechnung, wie die Amortisationsmethode, zur Beurteilung der Wirtschaftlichkeit von Maßnahmen zur Energie- und Betriebskosteneinsparung angewandt. Als durchschnittlich gebundenes Kapital wird der Kapitaleinsatz zur Implementierung der Maßnahme und als Einsparung eingesetzt.

Die Gleichung lautet:

$$\text{Rentabilität} = \frac{Nettoeinsparung}{Kapitaleinsatz} x100 = \frac{E - A}{I_0} \quad [\%]$$

Die Rentabilität ist somit der Kehrwert der Amortisationsdauer.[99]

7.1.3 Kostenvergleichsrechnung

Die Kostenvergleichsrechnung dient dazu, verschiedene Investitionen miteinander zu vergleichen. Dabei werden die Alternativen nach den verursachten Kosten beurteilt. Die vorteilhafteste Investition ist diejenige, die die geringsten Kosten verursacht. Der Erlös, der bei einer Investition angestrebt wird, bleibt bei dieser Methode nicht berücksichtigt. Es wird angenommen, dass die Erlöse bei allen Varianten gleich hoch sind.[100]

7.1.4 Gewinnvergleichsrechnungen

Die Gewinnvergleichsrechnung ist eine erweiterte Variante der Kostenvergleichsrechnung. Sie bezieht auch Erlöse in die Berechnung mit ein, die unterschiedlich hoch sein können. Als Ansatz für die Gewinnvergleichsrechnung gilt es, die Differenz aus dem Erlös und der Kosten zu bilden. Diese Differenz entspricht dem Gewinn.

---

[99] Vgl. Maier, K.: Risikomanagement im Immobilienwesen, 2002, S. 152f.
[100] Vgl. Olfert, K.: Investition, 2001, S.149.

$$G = E - K$$

mit: G = Gewinn (€/Periode)

E = Erlöse (€/Periode)

K = Kosten (€/Periode)

Eine Investition ist dann vorteilhaft, wenn ein Gewinn erwirtschaftet wird, bzw. vorteilhafter, wenn der Gewinn einer Investition höher ist, als der einer Anderen.[101]

7.2 Dynamische Methoden

Bei den dynamischen Methoden fließt der Faktor Zeit mit in die Berechnung ein. Dabei werden die Zahlungen, die zu unterschiedlichen Zeitpunkten anfallen, auf einen gemeinsamen Vergleichszeitpunkt auf- oder abgezinst. Das heißt, dass zukünftige Ein- oder Auszahlungen einen geringeren Wert als gegenwärtige Ein- oder Auszahlungen haben.[102]

7.2.1 Kapitalwertmethode

Der Kapitalwert einer Investition wird aus der Differenz des Barwertes aller Rückflüsse einer Investition und der Investitionsausgabe an sich gebildet. Bei dieser Methode wird vorausgesetzt, dass der Investor weiß, welche Verzinsung seine Investition erwirtschaften soll. Um den Barwert zu berechnen, werden die Zahlungen eines Zeitabschnitts addiert und mit dem entsprechenden Kalkulationszinsfuß auf den Zeitpunkt der Investition abgezinst. Anschließend wird von der Summe dieser Barwerte die Investitionsausgabe subtrahiert. Die Differenz stellt den Kapitalwert dar.

[101] Vgl. Olfert, K.: Investition, 2001, S.169f.
[102] Vgl. Schulte, K: Handbuch Projektentwicklung, 2002, S.233.

Barwert: $K_0 = K_n \bullet (1+i)^{-n} = \frac{K_n}{(1+i)^n}$

mit: K_0 = Barwert (€)

n = Zeitindex (Jahre)

i = Kalkulationszinssatz (%)

K_n = Kapital am Ende des Jahres n (€)[103]

Kapitalwert $C_0(n) = \sum_{t=1}^{n} ü_t \bullet (1+i)^{-t} + R_n \bullet (1+i)^{-n} - a_0$

mit: C_0 = Kapitalwert (€)

a_0 = Investitionsausgabe (€)

$ü_t$ = laufender Überschuss der Perioden 1 bis n (€/Jahr)

R_n = Restverkaufserlös am Ende der Nutzungsdauer (€)

i = Kalkulationszinsfuß (%)

n = Nutzungsdauer (Jahre)

Der Kapitalwert alternativer Investitionen ist nur in Verbindung mit einem identischen Kalkulationszinsfuß untereinander vergleichbar. Außerdem sind anhand des Kapitalwertes keine genauen Aussagen über die Rendite einer Investition zu machen. Es ist lediglich die Höhe des Kapitalwertes, die eine Investition gegenüber einer Alternative vorteilhafter erscheinen lässt, ausschlaggebend.[104]

Der Kalkulationszinssatz ist je nach Art der Finanzierung, ob mit Eigenkapital, Fremdkapital oder bei einer Mischfinanzierung, differenziert zu sehen. Bei vollständiger Eigenfinanzierung sollte der Kalkulationszinssatz die Zinshöhe haben, die eine risikolose alternative Investition eingebracht hätte. Wird die Investition vollständig fremdfinanziert, sollte der Kalkulationszinsfuß die Höhe der Zinsbelastung des Kredites widerspiegeln. Bei einer Mischfinanzierung

---

[103] Vgl. A.a.O., S.235.
[104] Vgl. A.a.O., S.236f.

werden die oben genannten Zinssätze mit Hilfe des arithmetischen Mittels zum entsprechenden Kalkulationszinssatz verrechnet.[105]

Kalkulationszinsfuß bei Mischfinanzierungen:

Kalkulationszinsfuß: $KZF = \frac{i^H \bullet EK + i^S \bullet FK}{EK + FK}$

mit: KZF = Kalkulationszinsfuß

EK = Eigenkapitalanteil

FK = Fremdkapitalanteil

i^H = Zinssatz für risikofreie Kapitalanlage

i^S = Zinssatz für aufgenommenen Kredit[106]

7.2.2 Annuitätenmethode

Die Annuitätenmethode basiert auf der Kapitalwertmethode. Der einzige Unterschied ist die berechnete Zielgröße, die Annuität. Eine Annuität ist eine Reihe gleich hoher Zahlungen, die in der Periode des jeweiligen Betrachtungszeitraumes anfallen. Ist die Annuität positiv, so gilt eine Investition als absolut vorteilhaft. Ist die Annuität größer als bei einer alternativen Investition, so ist eine relative Vorteilhaftigkeit gegeben. Annuitäten beziehen sich in der Regel auf das jeweilige Ende einer Periode.[107]

Die Höhe der Teilbeträge einer Investition ergibt sich aus der Multiplikation mit dem Wiedergewinnungsfaktor.

Annuität: $d = C_0 \bullet \frac{q^n (q-1)}{(q^n - 1)}$

[105] Vgl. Enseling, A.: Leitfaden zur Beurteilung der Wirtschaftlichkeit von Energiesparinvestitionen im Gebäudebestand, 2003, S.2.
[106] Vgl. Schulte, K: Handbuch Projektentwicklung, 2002, S.233.
[107] Vgl. Götze, U; Bloeh, J.: Investitionsrechnung, 2002, S.93.

Mit: d = Annuität (€/Jahr)

C_0 = Kapitalwert (€)

$\frac{q^n(q-1)}{(q^n-1)}$ = Kapitalwertgewinnungsfaktor/ Annuitätenfaktor[108]

7.2.3 Interne-Zinsfußmethode

Die Methode des internen Zinsfußes basiert, ebenso wie die Annuitätenmethode, auf der Kapitalwertmethode. Bei diesem Verfahren wird die Verzinsung einer Investition berechnet. Der interne Zinsfuß ist der Zinssatz, bei dem der Kapitalwert einer Investition null ergibt.

$$C_0(n) = 0 = \sum_{t=1}^{n} ü_t \bullet (1+r)^{-1} - a_0$$

$$r = i_1 - C_{0,1} \bullet \frac{i_2 - i_1}{C_{0,2} - C_{0,1}}$$

mit: r = interner Zinsfuß (%)

i = Versuchszinssatz 1 bzw. 2 (%)

C_0 = Kapitalwert bei i_1 bzw. i_2 (€)[109]

Um diese Gleichung zu lösen, werden zwei verschiedene Zinssätze angenommen und nähern sich durch Interpolation oder Extrapolation dem internen Zinsfuß an, bei dem der Kapitalwert null ist. Eine Investition ist dann absolut vorteilhaft, wenn der interne Zinsfuß größer ist, als der Kalkulationszinssatz. Ist der interne Zinsfuß größer als bei einer alternativen Investition, ist die Investition relativ vorteilhaft.[110]

7.2.4 Annuitätischer Gewinn

Der annuitätische Gewinn wird aus der Differenz von annuitätischen Erlösen und Kosten gebildet. Die Kosten werden hierbei aus den Investitionskosten der

---

[108] Vgl. Olfert, K.: Investition, 2001, S.231f.
[109] Vgl. Olfert, K.: Investition, 2001, S.221f.
[110] Vgl. Götze, U.; Bloech, J.: Investitionsrechnung, 2002, S.96.

Energieeinsparmaßnahmen, den Heizkosten des Gebäudes und möglicher Zusatzkosten, wie z.B. Wartung, auf konstante annuitätische Kosten umgerechnet. Die Investitionskosten bestehen lediglich aus den Mehrkosten der energietechnischen Sanierung, ohne die anfallenden Instandsetzungskosten zu berücksichtigen.

Die annuitätischen Kosten:

$$K = a * I + Z$$

Mit: K = annuitätische Kosten nach der energieeinsparenden Maßnahme

a = Annuitätenfaktor

I = Mehrkosten für die energieeinsparende Maßnahme

Z = jährliche Zusatzkosten (z.B. Wartung)

Die annuitätischen Erlöse:

$$E = p * E_0 - p * E_S$$

Mit: E = annuitätische Erlöse (eingesparte Energiekosten)

p = mittlerer zukünftiger Energiepreis pro Einheit

E_0 = jährlicher Energieverbrauch ohne Maßnahme

E_S = jährlicher Energieverbrauch nach Durchführung der Maßnahme

Der annuitätische Gewinn:

$$G = E - K = p * (E_0 - E_S) - (a * I + Z)$$

Die energieeinsparende Maßnahme gilt als vorteilhaft, wenn die annuitätischen Energiekosteneinsparungen höher sind, als die annuitätischen Kosten. Der Gewinn muss demnach größer als Null sein.[111]

7.2.5 Kosten der eingesparten kW/h Energie

Die Kosten der eingesparten KW/h Energie werden dem mittleren zukünftigen Energiepreis gegenübergestellt. Die Kosten der eingesparten KW/h Energie müssen hierbei unterhalb des zukünftigen mittleren Energiepreises liegen. So ist eine Einstufung möglich, um die Vorteilhaftigkeit erkennbar zu machen. Dieses Verfahren wird auch **äquivalenter Energiepreis** genannt. Dieser äquivalente Energiepreis dient als hilfreiches Werkzeug, wenn Sanierungsmaßnahmen mit dem ursprünglichen Zustand verglichen werden sollen.[112]

$$P_{ein} < P$$

Die Kosten der eingesparten kWh Energie ergeben sich wie folgt:

$$P_{ein} = \frac{K}{E_0 - E_S}$$

Mit: P_{ein} = Kosten der eingesparten kW/h Energie

P = mittlerer zukünftiger Energiepreis

K = annuitätische Kosten nach der energieeinsparenden Maßnahme

E_0 = jährlicher Energieverbrauch ohne Maßnahme

E_S = jährlicher Energieverbrauch nach Durchführung der Maßnahme

---

[111] Vgl. Enseling, A.: Leitfaden zur Beurteilung der Wirtschaftlichkeit von Energiesparinvestitionen im Gebäudebestand, 2003, S.4f.

[112] Vgl. Jagnow, K; Horschler, S.; Wolff, D.: Die neue Energieeinsparverordnung, 2002, S.449.

Der annuitätische Gewinn sowie die Kosten der eingesparten kWh-Energie eignen sich sehr gut beim selbstgenutzten Wohnungsbau, da die eingesparten Energiekosten vom Investor zu den Einnahmen hinzugezählt werden können.[113]

[113] Vgl. Enseling, A.: Leitfaden zur Beurteilung der Wirtschaftlichkeit von Energiesparinvestitionen im Gebäudebestand, 2003, S.5f.

8. Wirtschaftlichkeit und Maßnahmen am Beispiel eines Mehrfamilienhauses

In diesem Teil der Arbeit wird die Wirtschaftlichkeit am Beispiel eines Mehrfamilienhauses analysiert und beurteilt. Die Wirtschaftlichkeit einer energetischen Sanierung sollte differenziert, bezüglich der verschiedenen Gründe für eine Investition, gesehen werden. Als Gründe für eine Investition gelten unter anderem:

- Betriebswirtschaftliche Effizienz
- Ökologie
- Unterstützung durch Förderprogramme
- Marketing und Imagevorteile
- Komfortverbesserungen und geringer Wartungsaufwand

Es werden verschiedene Sanierungsalternativen berechnet. Die grundlegenden Berechnungen erfolgten mit Hilfe der Software ENERGIEBERATER PLUS von Hottgenroth. Die Sanierungsalternativen sollen zeigen, welches Energieeinsparpotential zwischen den gesetzlich vorgeschriebenen Maßnahmen und dem technisch umsetzbaren Maßnahmen liegt und inwiefern sich diese dann als wirtschaftlich erweisen.

8.1 Erfassen der Ausgangsdaten

8.1.1 Gebäudebeschreibung

Bei dem ca. 1902 erbauten Gebäude handelt es sich um ein zweigeschossiges, voll unterkellertes Mehrfamilienhaus (drei Wohneinheiten) mit einem Walmdach. Der Keller bzw. das Souterrain wird nicht zu Wohnzwecken genutzt. Das Gebäude wird zurzeit von Sechs Personen bewohnt.

Die Gebäudenutzfläche beträgt ca. 374 m^2.

Die Außenwand des Haupthauses (inkl. Anbau Nord) besteht aus einem ungedämmten zweischaligen Mauerwerk aus Ziegelstein. Die Außenwand des Anbaus Süd (Gartenseite) weist ein ungedämmtes zweischaliges Mauerwerk auf, ist jedoch aus Porenbeton und Kalksandstein. Sämtliche Fassaden sind verputzt.

Die Fenster des Hauses haben eine Wärmeschutz-, Isolier- bzw. Einfachverglasung mit Holzrahmen. Die Hauseingangstür besteht aus einem Holzrahmen mit Einfachverglasung.

Das Haus hat keinen einheitlichen Fußbodenaufbau. Der größte Teil besteht aus einer Preußischen Kappe[114] mit oberseitigen Balkenlagen und Dielenbelägen. Im Badezimmer ist nachträglich ein Fliesenbelag aufgebracht worden. Der Anbau im Süden weist einen gedämmten Betonboden mit Estrich inkl. Fußbodenheizung auf. Hier wurde ein Parkettboden verlegt.

Das Dachgeschoss ist bis zur Kehlbalkenlage ausgebaut und ungedämmt.

Berechnungsrelevante Flächen- und Volumenangaben:

- Wärmeübertragende Umfassungsfläche [A]: **274,00m²**
- Beheiztes Gebäudevolumen [V_e] **1.167,40m³**
- Gebäudenutzfläche [A_N] **374,00m²**

Abbildung 18: Ansicht Nordwest

Abbildung 19: Ansicht Süd

8.1.2 Technische Anlagen

Die Heizungsanlage ist 20 Jahre alt. Der alte Gas-Niedertemperaturkessel weist Abgasverluste von 7 % auf und ist mit 43 kW für die Heizleistung inkl.

[114] eine Gewölbeform aus Eisen- oder Stahlträgern in Form flacher, aneinandergereihter Tonnensegmente.

Warmwasserbeheizung überdimensioniert. Der Warmwasserspeicher fasst 130Liter.

Brennstoff:	Erdgas
Typ:	Niedertemperaturkessel
Nennleistung:	43 KW
Aufstellort:	Souterrain (außerhalb der thermischen Hülle)
Baujahr:	1988
Dimensionierung:	überdimensioniert
Abgasverluste:	7% (bezogen auf den unteren Heizwert)
Bereitschaftsverluste:	2%
Jahresnutzungsgrad:	81%

Aufgrund der Ausrichtung der Dachschrägen nach Ost/West bzw. Nord ist der Einbau einer Solaranlage nicht wirtschaftlich. Die Berechnungen entfallen somit.[115]

[115] Soweit Bauteile des Gebäudes für den Begutachter bei der Aufnahme des Ist-Zustandes aus technischen Gründen nicht einsehbar waren, wird hier auf die Äußerungen des Beratungsempfängers/ Eigentümers in Bezug auf Dämmung und Aufbau dieser Bauteile zurückgegriffen.

8.1.3 Wärmeschutztechnische Einstufung der Gebäudehülle

Bauteil	Fläche [m²]	U-Wert [W/(m²K)]	Nach EnEV erforderl. U-Wert bei Bauteilerneuerung [W/(m²K)]	Nach Passivhaus erforderl. U-Wert [W/(m²K)]
Außenwand 1, Haupthaus	182,63	1,62	0,45	0,10 - 0,15
Außenwand 2, Anbau Süd	68,88	0,73	0,45	0,10 - 0,15
Außenwand 3, Anbau Nord (1.OG)	10,57	1,87	0,45	0,10 - 0,15
Trennwand EG, Haupthaus an Garage	8,33	1,41	0,45	0,10 - 0,15
Flachdach 1, Anbau Nord	7,60	3,59	0,70	0,30
Flachdächer 2, Anbau Süd, EG	15,00	0,65	0,70	0,30
Flachdach 3, Anbau Süd, 1.OG	10,20	0,29	0,70	0,30
Dachschrägen 1, inkl. Gaube	141,97	2,38	0,30	0,10 - 0,15
Fussboden EG 1 (unterkellert), Haupthaus	75,80	1,18	1,20	0,40 - 0,60
Fussboden EG 2 (unterkellert), Haupthaus	7,90	0,99	1,20	0,40 - 0,60
Fussboden EG 3 (an Luft), Anbau Süd	20,79	0,41	1,00	0,30
Fussboden EG 4 (nicht unterkellert), Eingangsbereich	2,50	4,31	0,30 - 0,50	0,20 - 0,30
Fenster				
Holzrahmen mit Einfachverglasung	0,96	5,20	1,70	0,80 - 1,00
Holzrahmen mit Doppel-Einfachverglasung	14,41	4,40	1,70	0,80 - 1,00
Holzrahmen mit Isolierverglasung 1980	5,40	2,80	1,70	0,80 - 1,00
Holzrahmen mit Isolierverglasung 1988	35,37	2,60	1,70	0,80 - 1,00
Holzrahmen mit Wärmeschutzverglasung 1994	24,24	1,50	1,70	0,80 - 1,00
Dachschrägenfenster				
Holzrahmen mit Isolierverglasung 1988	2,88	3,00	1,70	0,80 - 1,00
Haustür				
Holzrahmen mit Einfachverglasung	5,31	5,00	2,70	1,80

Abbildung 20: Flächen und U-Werte der Bauteile der wärmetauschenden Hüllfläche (Ausgangsfall)[116]

In der folgenden Tabelle sind die wärmeübertragenden Hüllflächen des Gebäudes mit Flächen und U-Werten aufgelistet. Den U-Werten des IST-Zustandes, sind die U-Werte der nach der EnEV erforderlichen, sowie nach Passivhausstandard gegenübergestellt.

Der errechnete Wärmebedarf[117] im bestehenden Zustand liegt bei 32KW. Nach Durchführung aller Dämmmaßnahmen, das heißt unter künftig verbesserten Gebäudebedingungen, liegt der errechnete Wärmebedarf[118] bei 11KW (ohne Warmwasserbereitung).

8.1.4 Heizenergiebilanz –Computergestützte Energiebilanz

Für das Objekt wurde eine computergestützte Energiebilanz erstellt.

Der Energiebedarf für Raumheizung und Warmwasserbereitung hängt nicht unwesentlich von der Temperatur in den Wohnräumen, der Anzahl der Bewohner und deren Lüftungsgewohnheiten sowie der Betriebsweise der

[116] Eigene Bearbeitung. U-Werte ermittelt mit Hilfe von ENERGIEBERATER PLUS.
[117] Wärmebedarf bei einer Normaußentemperatur von -12 °C, Innentemperatur 20°C.
[118] Wärmebedarf bei einer Normaußentemperatur von -12 °C, Innentemperatur 20°C

Heizung ab. Für die Berechnung des Brennstoffverbrauchs des Ist-Zustands wird von folgenden Annahmen ausgegangen:

Nutzungsparameter

mittlere Temperatur	20 °C
Nachtabsenkung auf 16 °	8 h
innere Wärmequellen (6 Personen und Geräte):	900 W
Teilbeheizung	80 %
Warmwasserverbrauch	270 l/Tag

In der Rechnung wurden weiterhin pauschale Faktoren zur Berechnung der Regelungsverluste, der Abstrahlverluste des Kessels, der Verteilungsverluste von Heizungs- und Warmwasserleitungen, der inneren Gewinne durch Wärmeabgabe von Personen und Maschinen sowie der Gewinne durch solare Einstrahlung in Anlehnung an die VDI-Richtlinien 2067 und 3808 angesetzt.

Die folgende Simulationsrechnung bezieht sich auf eine Heizperiode (1 Jahr) mit "Norm-Klima" (3.707 Gradtage für die Region Oldenburg)[119]

Die Berechnung ergab folgendes Ergebnis (Simulationsergebnis (in kWh/a)):

	Heizung	**Warmwasser**	**Summe**
Nutzenergie:	58.187	4.716	62.903
Brennstoffbedarf:	79.475	7.987	**87.462**

Der simulierte Brennstoffbedarf für die Heizleistung und die Warmwasserbereitung beträgt **87.462** kWh/a.

Der durchschnittliche Verbrauch aus den Jahren 2004 – 2007 (92.319 kWh/Jahr)[120] weicht weniger als 10% vom Ergebnis der Simulationsrechnung (87.462 kWh/Jahr) ab.

Diese ist daher als plausibel anzusehen.

---

[119] Gradtagzahlen und Gradtage stellen den Zusammenhang her zwischen der Außenlufttemperatur und der gewünschten Raumtemperatur. Ist es draußen kalt, innen aber mollig warm, dann erreichen sie hohe Werte. Wenn es draußen fast so warm ist wie drinnen, dann ist die Gradtagzahl niedrig. Gradtagzahlen werden nach der VDI-Richtlinie VDI 2067 berechnet, Gradtage nach VDI 3807 oder nach VDI 4710.

[120] Tatsächlicher Verbrauch 04/05 = 90.543 kWh/Jahr; 05/06 = 91.940 kWh/Jahr; 06/07 = 94.475 kWh/Jahr.

8.2 Sanierungsvarianten

In diesem Teil werden Vorschläge für Energiesparmaßnahmen beschrieben, die unterschiedliche Standards einzuhalten haben.

Die angesetzten Kosten der einzelnen Maßnahmen sind aus Angeboten entnommen, die für ein ähnliches Objekt angefordert wurden und auf das Beispielgebäude übertragen wurden. Zur Berechnung der Wirtschaftlichkeit werden nur die Mehrkosten für den Wärmeschutz angesetzt, da an dem Gebäude seit 34 Jahren keine Sanierungen durchgeführt wurden und sich das Gebäude ohnehin in einem sanierungsbedürftigen Zustand befindet.

Aus der Analyse der Wärmeverluste der einzelnen Bauteile und der Heizungsanlage werden folgende Energieeinsparmaßnahmen abgeleitet:

1. Abdichtungsmaßnahmen / Beseitigung von Wärmebrücken
2. Dämmung der Außenwände
3. Dämmung der Dachbereiche
4. Dämmung der Fußböden im Erdgeschoss
5. Austausch der Fenster und Außentür mit Einfachverglasung
6. Heizungsanlage
7. KfW-Programm „Solarstrom Erzeugen“

Für jede Lösung sind im Folgenden die Einsparpotentiale und die sich ergebenden Amortisationszeiten angegeben. Die zugrunde liegenden Amortisationsrechnungen sind statisch und dynamisch[121], das heißt in der Rechnung sind zukünftig steigende Energiepreise (Schätzwerte) sowie auf dieses Jahr ab diskontierte Investitionskosten enthalten.

Die jeweiligen **Einsparpotentiale** und deren Wirtschaftlichkeit wurden von dem unter Kapitel 8.1.4. erstellten Gebäudemodell berechnet. Die angesetzten Preise entstammen aktuellen Erhebungen bei ausführenden Firmen und sind Nettowerte!

[121] Siehe Kapitel 7.

Zum Teil ergeben sich aus den Maßnahmen wesentliche Verbesserungen des Raumklimas, da die Temperaturen von Decken, Wänden und Fußböden erhöht werden. Diese Verbesserungen haben positive Auswirkungen auf das Wohlbefinden der Gebäudenutzer; sie vermindern unkontrollierte Lüftungswärmeverluste und reduzieren z.B. vorhandene Fußkälte und Zugerscheinungen. Die Verbesserungen finden keinen Niederschlag in der energetischen und ökonomischen Bewertung. An sich unwirtschaftliche Maßnahmen können durch die Erhöhung der Behaglichkeit durchaus empfehlenswert sein.

Aus bauphysikalischen Gründen wird bei Durchführung aller vorgeschlagenen Maßnahmen zusätzlich der Einbau einer Lüftungsanlage (Kontrollierte Be- und Entlüftung) empfohlen. Diese kann im Rahmen des Kredithöchstbetrages gefördert werden.

Darüber hinaus ergeben sich durch die Umsetzung der folgenden Maßnahmen weitere Vorteile:

- Wertsteigerung der Immobilie sowie ggf. langfristig hohe Mieteinnahmen
- Wohnwert- und Komfortsteigerung
- Verbesserung des sommerlichen Wärmeschutzes sowie des Schallschutzes

8.2.1 Abdichtungsmaßnahmen / Beseitigung von Wärmebrücken

Durch eine bessere Abdichtung kann der unkontrollierte Luftwechsel durch die Außentür sowie durch Türen zu nicht beheizten Zonen verringert werden. Dichtungsstreifen kosten 1€/lfm. Sie sind in den verschiedensten Abmessungen erhältlich. Eine Türbürste kostet etwa 10 €. Diese Maßnahme verringert die Lüftungsverluste und amortisiert sich innerhalb von 1 bis 2 Heizperioden.

Ein nicht ständig beheizter Raum (z.B. Schlafzimmer, Abstellraum) muss von den Heizzonen thermisch getrennt werden. Die Tür sollte immer verschlossen und gut gedichtet sein (umlaufende Lappendichtung).

Folgende Maßnahmen können ergriffen werden: (z. T. auch kurzfristig)

3 Wohnungstüren:	Dichtungsstreifen und Türbürsten, evtl. jeweils einen Türvorhang an den Innenseiten anbringen. Kosten **ca. 300€.**
1 Kellertür:	Dichtungsstreifen anbringen, unten eine Bürste. Rückseite sowie Kellerabwände und Treppenlauf von den Kaltseiten mit Dämmplatten (d = 8-10 cm) versehen. Kosten **ca. 400€.**
Heizungsanlage:	Dämmung sämtlicher Heizungs- und Warmwasserrohre, zur Vermeidung von Energieverlusten. Kostenpunkt hier **ca. 700€** (je nach Bauausführung).

Weitere Wärmebrücken sind nicht vorhanden.

Die Maßnahmen sind grundsätzlich zu empfehlen. Sie amortisieren[122] sich in der Regel nach max. einem Jahr. Sie steigern die Behaglichkeit, verhindern Kriechkälte und beseitigen Wärmebrücken.

8.2.2 Dämmung der Außenwände

Kerndämmung

Eine Befüllung der 6 - 7 cm starken Luftschichten mit Wärme dämmendem Material (expandiertes Lavagestein mit $\lambda = 0{,}045$) - setzt den U-Wert

- der Außenwand 1 (Haupthaus, 7 cm Luftschicht) von 1,62 W/m^{2}K auf 0,49 W/m^{2}K und
- der Außenwand 2 (Anbau Süd, 6 cm Luftschicht) von 0,73 W/m^{2}K auf 0,34 W/m^{2}K und
- der Trennwand EG (Haupthaus, 7 cm Luftschicht) von 1,41 W/m^{2}K auf 0,45 W/m^{2}K herab.

Für die Fläche von ca. 260 m^2 ergibt sich bei einem Preis von 4,40 €/m^2 und 6-7cm Schichttiefe eine Investition von **ca. 8.600 €.**

[122] Berechnung der Amortisationsdauer, siehe Kapitel 7.1.1.

In diesem Preis sind sämtliche Vorbereitungs- und Nachbereitungsarbeiten (Bohren und Verschließen der Einfülllöcher) eingeschlossen.

Evtl. treten Mehrkosten für das im Vorfeld notwendige Abstopfen der Hohlschicht im Bereich Anbau Nord (1. OG, Schiebetür) und im Dachbereich (Kniestockbereich) auf.

Vollwärmeschutz

Aufgrund der vorhandenen Situation (geringfügige Hohlschicht im 1. OG des Anbaus Nord) wird hier eine nachträgliche Wärmedämmung der Außenwände mit einem Wärmedämmverbundsystem (14 cm Vollwärmeschutz mit λ = 0,035) empfohlen. Im Vergleich zu anderen Außenwanddämmungen wie zum Beispiel einer Kerndämmung oder einer Innendämmung hat der Vollwärmeschutz die Eigenschaft Wärmebrücken am Gebäude zu minimieren.

Dabei wird an der Außenwand die mindestens 14 cm starke Dämmschicht an die Wand geklebt und verdübelt. Anschließend muss die Dämmung mit einem in Putz gelegtem Armierungsgewebe versehen werden, um den Außenputz anzubringen. Diese zweite Putzschicht ist überstreichbar und stellt einen ausreichenden Wetterschutz der Außendämmung dar. Diese Ausführung ist nicht nur ein zusätzlicher Schutz der Außenwand, sondern stellt darüber hinaus auch eine gestalterische Aufwertung des gesamten Gebäudes dar.

Darüber hinaus ist darauf zu achten, dass die Dämmschichten der Außenwand ineinander und in die der Flachdachdämmung übergehen, um Wärmebrücken zu vermeiden.

Diese Maßnahme setzt den U-Wert der Außenwand 3 von 1,87 W/m^{2}K auf 0,22 W/m^{2}K herab.

Für die Fläche von ca. 11 m^2 ergibt sich bei einem Preis von 140 €/m^2 zzgl. Vorhalten eines Baugerüstes eine Investition von **ca. 2.600 €.**

Die sich ergebende Einsparung und die Wirtschaftlichkeit zeigt folgende Aufstellung:

Dämmung der Außenwand							
Energie-einsparung kWh/a	Energie-kosten-einsparung €/1Jahr	Spezielle Kosten €/m	Investition €	Kapital-kosten (10Jahre) €/a	Prozentuale Einsparungen	Dynamische Amortisation (Jahre)	Statische Amortisation (Jahre)
18.743	917	33-140[123]	11.200	1.281	21,4	5,8	12,2

Abbildung 21: Dämmung der Außenwand[124]

Die Maßnahmen sind zu empfehlen. Sie amortisieren sich - innerhalb eines für reine Nutzungsüberlegungen relevanten Zeitraumes von 30 Jahren - nach 5,8 Jahren. Neben dem wirtschaftlichen und ökologischen Nutzen bewirkt die Dämmung auch eine Anhebung der Oberflächentemperatur der Außenwände an deren Innenseiten (Behaglichkeit).

8.2.3 Dämmung der Dachbereiche

Dämmung des Flachdaches Anbau Nord

Grundsätzlich besteht ein unbelüftetes Flachdach aus einer Tragkonstruktion - hier aus Stahlbeton, auf welchem der gesamte Dachaufbau anschließen sollte.

Eine Dämmung des Flachdaches Nord (unbelüftetes Flachdach, Warmdach) mit mindestens 16 cm starken XPS - Dämmplatten (extrudiertes Polystyrol) mit $\lambda = 0{,}035$ bewirkt eine Herabsetzung des U-Wertes von 3,59 W/m^2K auf 0,21 W/m^2K. Nach dem Rückbau der Randabschlüsse und der alten Dachabdichtung wird der Untergrund (vorhandene Betonplatte) vorbehandelt. Dämmplatten werden vollflächig mit mind. 3% Gefälle zum Ablauf verlegt. Als oberer Abschluss wird eine Dachabdichtung aufgebracht und im Randbereich wasserdicht an ein Abschlussblech gearbeitet. Schließlich können neue (gedämmte) Randabschlüsse und die Anschlüsse an die darunter liegenden neuen Fenster gefertigt werden.

Kosten der Flachdachdämmung inkl. Baugerüst **ca. 2.500 €.**

---

[123] Kerndämmung 33€, Vollwärmeschutz 140€.
[124] Eigene Bearbeitung.

Dachschrägendämmung

Im Zuge anstehender Sanierungsarbeiten am Gebäude (bzw. bei einem evtl. Mieterwechsel) wird die bisherige Innenverkleidung im Dachgeschoss (inkl. Gaube) komplett zurück gebaut. Die vorhandene Dacheindeckung kann unter Umständen erhalten bleiben (genaue Prüfung vor Baubeginn! Gaubendach bzw. – Wände, Betondachsteinen, Dachlatten, Konstruktionshölzer inkl. Verbindungen). Es empfiehlt sich ca. 3 cm starke und 20 cm hohe Bohlen seitlich an den alten Sparren zu befestigen. Man erreicht so den angestrebten Dämmquerschnitt, verstärkt die alten Sparren und kann flächenbündig arbeiten ohne auszugleichen. Zwischen den Sparren und unter den Dachlatten muss eine Windsperre fachgerecht eingebracht werden. Anschließend wird die Sparrenlage komplett mit einer errechneten 20 cm starken Sparrenvolldämmung mit λ = 0,040 gedämmt. Im ausgebauten Bereich muss innenseitig eine Dampfsperre fachgerecht (!) eingebracht werden. Schließlich wird eine neue Innenverkleidung angebracht. Im nicht ausgebauten Bereich kann die Dämmebene evtl. durch eine Schicht aus OSB – Platten geschützt werden.

Die Dämmung der Dachschrägen bewirkt eine Herabsetzung des U-Wertes von 2,38 W/m^{2}K auf 0,25 W/m^{2}K.

Für die Fläche von ca. 142 m^2 ergibt sich eine Investition von **ca. 18.500 €.**

Der Austausch der Dachflächenfenster mit Einfachverglasung ist nicht in diesem Preis enthalten.

Darüber hinaus sollten unbeheizte Abseiten gedämmt werden, zur Erhöhung der Oberflächentemperatur der angrenzenden Bauteile. Der Drempel sowie die Obergeschossdecke sollten von der Kaltseite mit mindestens 10 cm starken Dämmplatten versehen werden. Die Platten werden auch hier vollflächig aufgebracht, um Wärmebrücken zu vermeiden. Dabei ist darauf zu achten, dass die Dämmplatten in die Dach- bzw. Außenwand - Dämmschichten übergehen.

In diesem Zuge und vor einer Hohlschichtbefüllung sollte die evtl. nach oben hin offene Hohlschicht mit geeignetem Material abgestopft werden.

Gesamtkosten für Dachschrägen und Flachdach Nord:

Für die Fläche von ca. 150 m^2 ergibt sich eine Investition von **ca. 21.000 €.**
(je nach Bauausführung)

Im den Dachbereichen des Anbaus Süd (Flachdächer) ist ausreichend Dämmung vorhanden. Die sich ergebende Einsparung und die Wirtschaftlichkeit zeigt folgende Aufstellung:

Dämmung des Dachbereiches							
Energie-einsparung kWh/a	Energie-kosten-einsparung €/1Jahr	Spezielle Kosten €/m	Investition €	Kapital-kosten (10Jahre) €/a	Prozentuale Einsparungen	Dynamische Amortisation (Jahre)	Statische Amortisation (Jahre)
19.129	935	140	21.000	2.402	21,9	10,6	22,5

Abbildung 22: Dämmung des Dachbereiches[125]

Die Maßnahmen sind zu empfehlen. Sie amortisieren sich - innerhalb eines für reine Nutzungsüberlegungen relevanten Zeitraumes von 30 Jahren - nach 10,6 Jahren. Neben dem wirtschaftlichen und ökologischen Nutzen bewirkt die zusätzliche Dämmung auch eine Anhebung der Oberflächentemperatur des Dachgeschosses. Zusätzlich zu dieser Maßnahme werden die Lüftungsverluste vermindert, die in der hier ausgewiesenen Energieeinsparung nicht berücksichtigt sind und weitere Einsparungen mit sich bringen.

8.2.4 Dämmung der Fußböden im Erdgeschoss

Einblasdämmung der Decke Souterrain

Im Bereich der Fußböden EG 1 - 2 (Kappengewölbe mit Balkenlage und Dielen bzw. Fliesenbelag im Bad) kann mit einer Steinwolle- bzw. Zellulosefaserdämmung gearbeitet werden. Es müssen dichte Gefache vorhanden sein, in die die Dämmung eingeblasen wird. Oberseitig sind die Gefache mit einem Belag aus Holzdielen, unterseitig mit Kappengewölbe versehen. Die Kappe muss von unten geöffnet werden, um die Dämmung einbringen zu können. Anschließend wird ein Förderschlauch in die Gefache

[125] Eigene Bearbeitung.

der Erdgeschossbalkenlagen geführt und die Dämmung eingeblasen. Zwischen den Wänden und den Streichbalken muss der Zwischenraum fachgerecht und mit geeignetem Material abgestopft bzw. mit einem Förderschlauch geringeren Durchmessers gedüst werden. Die Arbeiten sollten von einer Fachfirma ausgeführt werden. Diese stellt sicher, dass die Dämmung wärmebrückenfrei eingebracht wird. Aufgrund des Feinstaubaufkommens während der Befüllung sollte eine Absauganlage vorgehalten werden.

Diese Maßnahmen bewirken eine Herabsetzung des U-Wertes

- im Bereich des Fußbodens EG 1 von 1,18 W/m^{2}K auf 0,40 W/m^{2}K und
- im Bereich des Fußbodens EG 2 (Bad) von 0,99 W/m^{2}K auf 0,35 W/m^{2}K.

Kosten der Einblasdämmung **ca. 4.200 €.**

Fußbodendämmung im Eingangsbereich

Im Eingangsbereich befindet sich eine weitere ungedämmte Fußbodenfläche aus Fliesen, Estrich bzw. einer Sauberkeitsschicht. Es werden die bisherigen Aufbauten inkl. Sauberkeitsschicht komplett zurück gebaut. Unebenheiten werden mit einer Ausgleichsschüttung ausgeglichen (Fertig-Fußboden Höhen bzw. Treppenantritte und Kellertür beachten). Anschließend werden mindestens 10 cm starke Dämmplatten mit λ = 0,035 verlegt. Nach dem Aufbringen einer entsprechenden Trennschicht können Estrichschicht und Oberbeläge aufgebracht werden (Fliesen, Linoleum o. ä.). Der Neuaufbau des Fußbodens EG 4 bewirkt eine Herabsetzung des U-Wertes von 4,31 W/m^{2}K auf 0,32 W/m^{2}K

Kosten der Dämmung des Fußbodens EG 4 **ca. 800 €.**

Im Bereich des Fußbodens EG 3 (Anbau Süd) ist ausreichend Dämmung vorhanden.

Für die Fläche von ca. 87 m^2 ergibt sich eine Investition von **ca. 5.000 €.** (je nach Bauausführung)

Die sich ergebende Einsparung und die Wirtschaftlichkeit zeigt folgende Aufstellung:

Dämmung des Fussbodens (Preise in netto)							
Energie-einsparung kWh/a	Energie-kosten-einsparung €/1Jahr	Spezielle Kosten €/m	Investition €	Kapital-kosten (10Jahre) €/a	Prozentuale Einsparungen	Dynamische Amortisation (Jahre)	Statische Amortisation (Jahre)
3.275	160	50-250	5.000	572	3,7	14,7	31,2

Abbildung 23: Dämmung des Fussbodens[126]

Die Maßnahmen sind zu empfehlen. Sie amortisiert sich - innerhalb eines für reine Nutzungsüberlegungen relevanten Zeitraumes von 30 Jahren - nach 14,7 Jahren. Neben dem wirtschaftlichen und ökologischen Nutzen bewirkt die zusätzliche Dämmung auch eine Anhebung der Oberflächentemperatur des Fußbodens (Behaglichkeit).

8.2.5 Erneuerung diverser Fenster und der Haustür

Im Haupthaus sind Holzfenster mit Isolierverglasung von 1980 sowie 1988 vorhanden. Im Anbau Süd befinden sich ebenfalls Holzfenster (hier mit Wärmeschutzverglasung von 1994). Diese Elemente können erhalten bleiben.

Sinnvoll ist, die verbleibenden Fenster sowie die Hauseingangstür - bestehend aus alten Holzrahmen mit Einfachverglasungen sowie Doppel – Einfachverglasungen - gegen neue Elemente aus Holz mit Wärmeschutzverglasungen auszutauschen.

Eine Erneuerung der beiden Fenster mit Einfachverglasung im Hausflur (1. OG) führt zu einer Reduktion der U-Werte von 5,2 W/m^{2}K auf ca. 1,3 W/m^{2}K.

Eine Erneuerung des Fensters mit Doppel - Einfachverglasung im 1. OG (Ostfassade) sowie der Verglasung im Anbau Nord führt zu einer Reduktion der U-Werte von 4,4 W/m^{2}K auf ca. 1,4 W/m^{2}K.

---

[126] Eigene Bearbeitung.

Eine Erneuerung der Hauseingangstür aus Holzrahmen mit Einfachverglasung führt zu einer Reduktion des U-Wertes von 5,0 W/m^2K auf ca. 1,3 W/m^2K. Sinnvoll ist die Errichtung einer neuen Briefkastenanlage vor dem Gebäude.

Im Bereich der Dachschrägen befinden sich 4 Dachflächenfenster aus Holz mit Isolierverglasungen. Im Zuge einer Dachdämmung sollten diese Elemente gegen neue Fenster mit Wärmeschutzverglasung ausgetauscht werden. Dies führt zu einer Reduktion des U-Wertes von 3,0 W/m^2K auf ca. 1,4 W/m^2K.

Für die Fläche von ca. 24 m² ergibt sich eine Investition von netto **ca. 14.400 €.**

(je nach Bauausführung)

Die sich ergebende Einsparung und die Wirtschaftlichkeit zeigt folgende Aufstellung:

Erneuerung diverser Fenster und der Haustür							
Energie-einsparung kWh/a	Energie-kosten-einsparung €/1Jahr	Spezielle Kosten €/m	Investition €	Kapital-kosten (10Jahre) €/a	Prozentuale Einsparungen	Dynamische Amortisation (Jahre)	Statische Amortisation (Jahre)
4.224	207	600	14.400	1.647	4,8	32,8	69,7

Abbildung 24: Erneuerung diverser Fenster und der Haustür[127]

Die Maßnahmen sind zurzeit wegen der langen Amortisationsdauer nicht wirtschaftlich. Eine Erneuerung der Fenster sowie der Hauseingangstür ist jedoch im Zuge anstehender Sanierungsarbeiten (u. a. Kerndämmung der Außenwand, Dachschrägendämmung) durchaus zu empfehlen. Ein Austausch der Fenster und Türen bewirkt zusätzlich eine Steigerung der Oberflächentemperatur in diesem Bereich und fördert die Behaglichkeit. Zusätzlich zu dieser Maßnahme werden auch die Lüftungsverluste vermindert, die in der hier ausgewiesenen Energieeinsparung nicht berücksichtigt sind und weitere Einsparungen mit sich bringen.

[127] Eigene Bearbeitung.

8.2.6 Heizungstechnik - Heizkessel mit Warmwasserbereitung

Ein Ersatz des bestehenden Kessels mit z. T. hohen Stillstandsverlusten durch einen angemessen dimensionierten Brennwertkessel mit einer Außentemperaturgeführten Regelung bewirkt eine Steigerung des zukünftigen Jahresnutzungsgrades von 78 % auf ca. 95%.[128]

Bei der Brennwerttechnik wird das Abgas so weit herunter gekühlt, dass der darin enthaltene Wasserdampf auskondensiert. Dies geschieht jedoch nur bei einer Rücklauftemperatur von unter 50°C. Der Brennwerteffekt kann zwar voraussichtlich aufgrund der lediglich normal dimensionierten Heizflächen an sehr kalten Tagen nicht genutzt werden, während der restlichen Heizzeit sind jedoch niedrige Vor- und Rücklauftemperaturen und damit eine Brennwertnutzung möglich. Des Weiteren arbeitet ein Brennwertkessel in jedem Fall mit einem niedrigeren Abgasverlust im Vergleich zum Niedertemperaturkessel - auch wenn der Brennwerteffekt gerade nicht genutzt wird.

Gas-Brennwertgeräte haben zudem den Vorteil, dass sie modulierend arbeiten. Das bedeutet, je nach Energiebedarf steigern oder reduzieren sie ihre Leistung automatisch, sie arbeiten also immer mit hohem Nutzungsgrad. Das macht sich besonders während der Übergangszeit positiv im Geldbeutel bemerkbar und auch im Sommer, wenn der Wärmeerzeuger nur für die Warmwasserbereitung zum Einsatz kommt.

Als Kesselleistung wird benötigt:

32 KW	im bestehenden Zustand
11 KW	nach erfolgter Dämmung **ohne** Warmwasserbereitung
16 KW	nach erfolgter Dämmung **mit** Warmwasserbereitung

Eine Brennwertkesselleistung von 4 -20 KW (modulierend) ist demnach völlig ausreichend.

Bei Einbau eines neuen Kessels mit niedrigeren Abgastemperaturen und geringerer Abgasmenge muss der Schornstein in jedem Fall den neuen Verhältnissen angepasst werden. Zu empfehlen ist ein **raumluftunabhängiges**

---

[128] Bezogen auf den oberen Heizwert H_o.

Luft-Abgas-System (LAS). Dabei wärmt das Abgas die anströmende Kaltluft vor - die Energieausnutzung wird dadurch wiederum ein wenig gesteigert.

Kostenschätzung:

Kessel	2.700 €
Montage / Demontage	1.500 €
Schornsteinsanierung	1.200 €
Sonstiges	500 €
Regelung	500 €
WW-Speicher	800 €
Hydraulischer Abgleich	200 €
Summe (netto)	**7.400 €**

Abbildung 25: Kostenschätzung

Einsparung und Wirtschaftlichkeit stellen sich folgendermaßen dar:

Austausch des bestehenden Kessels						
Energie-einsparung kWh/a	Energie-kosten-einsparung €/1Jahr	Investition €	Kapital-kosten (10Jahre) €/a	Prozentuale Einsparung	Dynamische Amortisation (Jahre)	Statische Amortisation (Jahre)
7.049	385[129]	7.400	846	8,1	14,1	19,2

Abbildung 26: Austausch des bestehenden Kessels[130]

Diese Maßnahme ist zu empfehlen. Die Rechnung zeigt, dass sich ein Kesselaustausch innerhalb der Nutzungsdauer von 14 Jahren amortisiert. Zu beachten ist, dass bei stärker steigenden Energiepreisen die Wirtschaftlichkeit verbessert wird. Aus ökologischen Gründen ist der Einbau eines Brennwertgeräts zu empfehlen, da dieses die eingesetzte Energie am effektivsten ausnutzt.

[129] Die Einsparung von 385 € berücksichtigt die Kostenersparnis bei einer lediglich zweijährigen Wartung einer Brennwertanlage gegenüber einer notwendigen jährlichen Wartung von Niedertemperaturkesseln.

[130] Eigene Bearbeitung.

Basis der Rechnung ist ein Dämmzustand nach Durchführung aller Wärmedämmmaßnahmen.

Die Durchführung eines abschließenden hydraulischen Abgleichs ist im Rahmen der KfW-Kredite verpflichtend.

8.2.7 Solarstrom Erzeugen

Das KfW-Programm „Solarstrom Erzeugen“ ermöglicht es, ein Solarkraftwerk (= Photovoltaik-Anlage) auf dem Haus oder im Garten zu installieren. Diese Maßnahme kann nicht über das CO_2-Gebäudesanierungsprogramm finanziert werden; hier gibt es die Möglichkeit eines zinsgünstigen KfW-Kredites (ab ca. 3,6 % effekt.) bis zu einem Darlehensvolumen von 50.000 €. Finanziert werden kann die Errichtung, die Erweiterung, der Erwerb oder der Erwerb eines Anteils an einer Photovoltaik-Anlage einschließlich der Kosten für Messeinrichtungen, Planung und Montage.

Die Vergütung für Strom aus solarer Strahlungsenergie für Anlagen, die in 2008 **auf Gebäude** errichtet werden, beträgt 46,75 Cent/kWh. Für später in Betrieb genommene Anlagen sinkt die Vergütung jährlich um 5 %.

Die **Einspeisevergütungssätze** für neu in Betrieb genommene Photovoltaik-Anlagen betragen:

Inbetriebnahme	Freiland	Auf Gebäude oder Lärmschutzwand			Fassade		
		bis 30 kW	30-100 kW	Über 100 kW	bis 30 kW	30-100 kW	Über 100kW
2004	45,70	57,40	54,60	54,00	62,40	59,60	59,00
2005	43,42	54,53	51,87	51,30	59,53	56,87	56,30
2006	40,60	51,80	49,28	48,74	56,80	54,28	53,74
2007	37,96	49,21	46,82	46,30	54,21	51,82	51,30
2008	**35,49**	**46,75**	**44,48**	**43,99**	**51,75**	**49,48**	**48,99**
2009	33,18	44,41	42,26	41,79	49,41	47,26	46,79
2010	31,02	42,19	40,15	39,70	47,19	45,15	44,70
2011	29,00	40,08	38,14	37,72	45,08	43,14	42,72
2012	27,12	38,08	36,23	35,83	43,08	41,23	40,83
2013	25,36	36,18	34,42	34,04	41,18	39,42	39,04
2014	23,71	34,37	32,70	32,34	39,37	37,70	37,34

Abbildung 27: Einspeisevergütungssätze

Die auf der vorigen Seite genannten Einspeisevergütungen werden jeweils 20 Jahre zzgl. dem Inbetriebnahmejahr gezahlt. Das heißt, dass eine Anlage, die am 1.1.2008 in Betrieb genommen wurde, 21 Jahre lang die Einspeisevergütung von 46,75 Cent/kWh erhält. Geht die Anlage am 1.7. in Betrieb, erhält der Betreiber 20 und ein halbes Jahr diese Vergütung. Das oft eifrige Errichten von Anlagen zum Ende eines Jahres wegen des Absinkens der Vergütungen um 5 % ist daher wenig sinnvoll; der Mehrertrag liegt über die Jahre gerechnet meist unter 100 EUR im Vergleich zu einer im Januar errichteten Anlage.

Anträge für den Netzanschluss werden beim zuständigen Netzbetreiber gestellt. Dieser ist zum Anschluss und zur Zahlung der Vergütungen nach dem „Erneuerbare Energien Gesetz“ (EEG) verpflichtet.

Vorteile:

- Aktiver Beitrag zum Umwelt- und Klimaschutz
- Nutzung der unerschöpflichen Energiequelle Sonne
- Zinsgünstige KfW-Kredite ab ca. 3,6 % effektiven Jahreszins
- Garantierte Einspeisevergütung gemäß EEG über mindestens 20 Jahre

Die folgenden Beispiele verdeutlichen die unterschiedlichen Amortisationszeiten beim Betrieb einer Photovoltaik-Anlage mit monokristallinen Modulen, die in 2005 errichtet wird.

Photovoltaik-Anlagen (private Nutzung inkl. MwSt.)						
Fläche m²	Energie-einspeisung kWh/Jahr	Einspeise-vergütung €/Jahr	Investition inkl. MwSt. €	Kapital-kosten 10Jahre €/Jahr	Wartung und Versicherung €/Jahr	Amortisationszeit (Jahre)
10	950	518	5.000	604	Ca. 90	14,1
30	2.850	1.554	15.000	1.813	Ca. 90	12,4
Photovoltaik-Anlagen (gewerbliche Nutzung exkl. MwSt.)						
50	4.750	2.590	19.850	2.399	Ca. 90	9,6
120	11.400	6.216	43.100	5.209	Ca. 90	8,5

Abbildung 28: Photovoltaik-Anlagen[131]

Die Wartungskosten pro Jahr betragen ca. 90 €. Eine Versicherung ist ggf. im Rahmen der Hausratversicherung möglich.

Mit der derzeitigen Einspeisevergütung von 0,492 € / kWh ist innerhalb der steuerlichen Nutzungsdauer der Anlage und der Lebensdauer der Module von ca. 20 Jahren durchaus ein Gewinn zu erzielen. Wird die Photovoltaik-Anlage gewerbsmäßig betrieben, können Vorsteuern geltend gemacht werden. Die dann an das Finanzamt abzuführende Umsatzsteuer wird vom Netzbetreiber zusätzlich zum Vergütungssatz ausbezahlt. Auf diese Weise können die Investitionskosten erheblich reduziert werden.

[131] Eigene Bearbeitung

8.3 Übersicht Einsparungen

Eine Übersicht über die Einsparungen durch die vorgeschlagenen Maßnahmen im Vergleich zum Ist-Zustand zeigt die Grafik. Aufgeführt sind alle vorgestellten Maßnahmen.

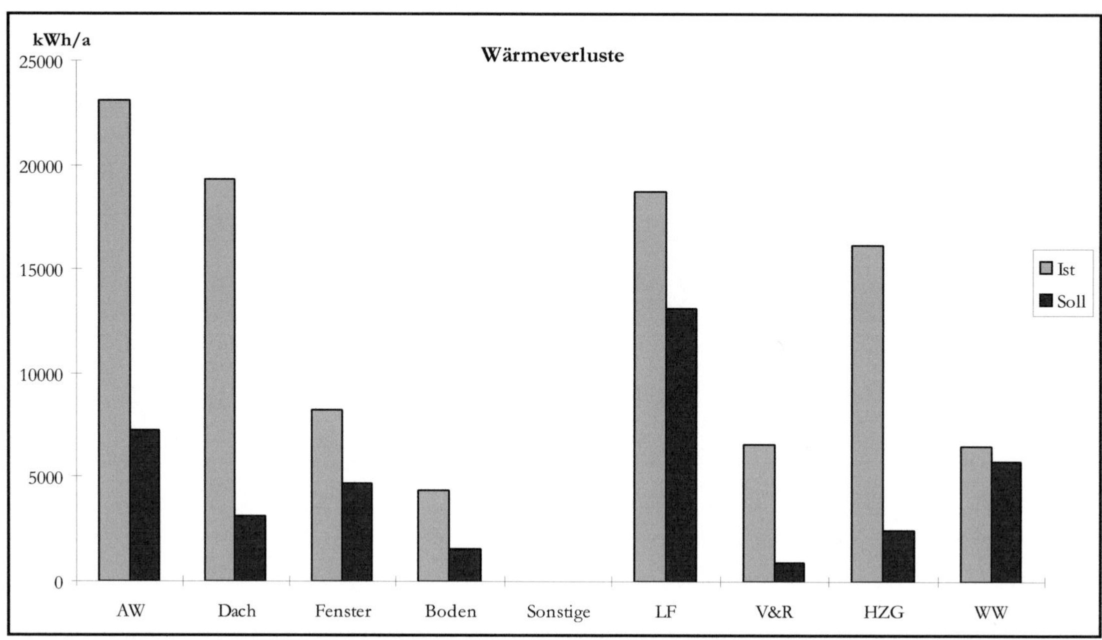

Abbildung 29: Wärmeverluste IST/SOLL

8.4 Zusammenfassung

Einen Vergleich der Energieeinsparungen und Wirtschaftlichkeit der einzelnen vorgeschlagenen Maßnahmen zeigen die folgenden Grafiken:

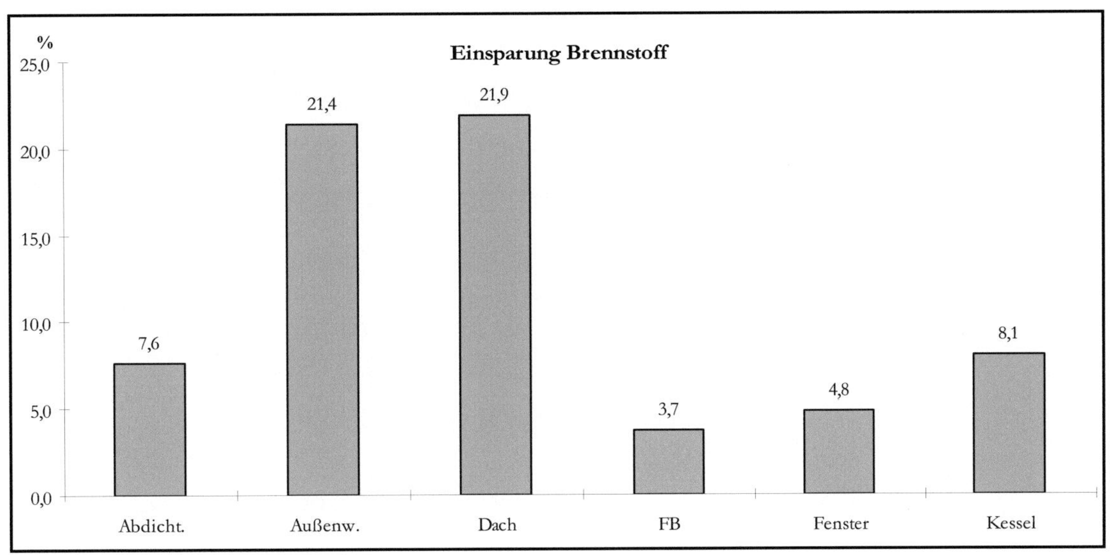

Abbildung 30: Einsparung Brennstoff

Zum Vergleich dazu die Wirtschaftlichkeit der einzelnen Maßnahmen:

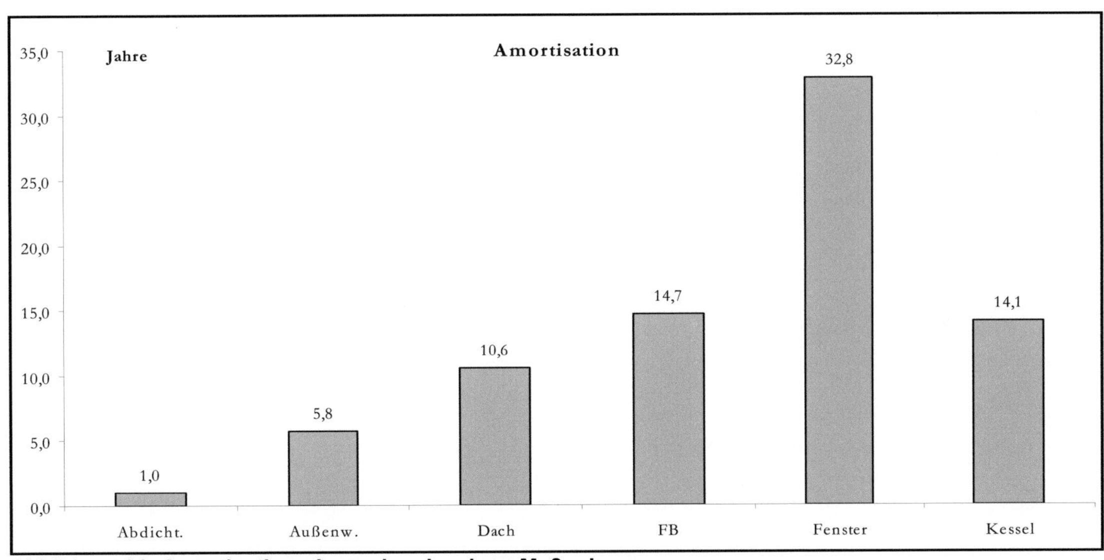

Abbildung 31: Amortisationsdauer der einzelnen Maßnahmen

Sämtliche Dämmmaßnahmen amortisieren sich innerhalb der Nutzungsdauer von etwa 30 Jahren und sollten umgesetzt werden. Der Fenster- und Türentausch sollte ebenfalls im Zuge einer Gesamtsanierung bzw. der Kerndämmung der Außenwand durchgeführt werden. Der Kesseltausch (Nutzungsdauer = 15 J.) ist wirtschaftlich und sollte ebenfalls zur Ausführung kommen.

Werden die Maßnahmen in **der hier vorgeschlagenen Form** ausgeführt, ist Niedrigenergiehaus- Standard erreicht!

Nach Durchführung aller Maßnahmen **sinkt der Primärenergieverbrauch um 67,5 %.** Der jährliche Energieverbrauch beträgt nach Durchführung aller Maßnahmen dann ca. **28.000 kWh/a** für Heizung + Warmwasser

Es werden dann folgende spezifischen Kennwerte erreicht:[132]

Energiekennzahl Heizenergie, Norm **81 kWh/(m²a)**

Zusammenstellung der Kosten (netto)	
Abdichtungsmaßnahmen	700,00 Euro
Außenwanddämmung	11.200 Euro
Dachdämmung	21.000 Euro
Fußbodendämmung	5.000 Euro
Sonstige	0 Euro
Kesseltausch	7.400 Euro
Solaranlage	0 Euro
Fenster und Türen	14.400 Euro
Gesamt:	**59.700 Euro**

Abbildung 32: Zusammenstellung der Kosten

Der maximale Kreditbetrag nach dem KfW-CO_2-Gebäudesanierungsprogramms beträgt 150.000€ bei einem aktuellen Tageszinssatzes von 2,07%[133]. Da sich mögliche Förderprogramme aufgrund knapper Finanzmittel kurzfristig ändern, können hier keine exakten Angaben über Fördersummen gemacht werden.

[132] Den Berechnungen liegt ein Energiepreis von 0,0489 €/kWh zu Grunde.
[133] Stand: Oktober 2008.

9. Fazit

Anhand der Berechnungen des Praxisbeispiels wird deutlich, mit welchen geringen Maßnahmen eine Immobile auf einen zeitgemäßen, energetischen Gebäudestand gebracht werden kann.

Maßgebend für eine wirtschaftliche Sanierung ist immer der Ausgangszustand des Gebäudebestandes. Stehen nicht ohnehin Instandhaltungs- oder Sanierungsmaßnahmen an, ist ein Einbau von energieeinsparenden Bauteilen kaum rentabel. An den berechneten Beispielen ist zu erkennen, dass nicht das Minimalprinzip zählt, sondern es vorteilhafter ist, stärker zu dämmen. Es darf dabei jedoch nicht außer Acht gelassen werden, dass mit Zunahme der Dämmstoffstärke nicht immer mehr Energie eingespart wird, sondern die prozentuale Energieeinsparung im Verhältnis zur Stärke der Dämmung immer geringer wird. Sinnvoll ist es, evtl. auch regenerative Energien mit einzubeziehen.

Die verschiedenen Varianten für eine energetische Sanierung am Praxisbeispiel des Gebäudes, erweisen sich mit den in dieser Arbeit angenommenen Randbedingungen als wirtschaftlich, da alle Wohnungen von den Eigentümern selbst bewohnt sind. Sie können unter anderem neben erhöhtem Wohnkomfort die eingesparten Energiekosten als Einnahmen realisieren. Bei Mietwohnungen bleiben die eingesparten Energiekosten in der Regel unberücksichtigt, weil diese die Mieter bei entsprechender Vertragsgestaltung regelmäßig selbst tragen. Die Investitionskosten für den verbesserten Wärmeschutz sind hingegen vom Eigentümer aufzubringen und können im Rahmen gesetzlicher Bestimmungen zu einem Teil auf die Miete umgelegt werden. Aus diesem Grund wird der Großteil der Mehrfamilienhäuser, die sich im Besitz von Wohnungsunternehmen oder Kapitalanlegern befinden, nur auf das Minimum der gesetzlich vorgeschriebenen Standards saniert.

Über gute Aufklärungsarbeit könnte für die Umwelt viel erreicht werden, wenn auch in diesen Fällen dem Streben nach geringerer Umweltbelastung Rechnung getragen würde. Es sollten deshalb nicht immer nur die momentanen Grenzwerte als Basis gesehen werden. Immobilieninvestitionen sind auf lange

Nutzungsdauer ausgelegt. und sind zukunftsorientiert die beste Voraussetzung zur Werterhaltung.

Unter Berücksichtigung einer angemessen Wirtschaftlichkeit, können die geforderten Standards der ENEV mit den derzeit zur Verfügung stehenden Möglichkeiten bei weitem unterboten werden. Angesichts der sich immer weiter verknappenden fossilen Energieträger und der damit verbundenen absehbaren Energiepreissteigerung, sowie der Verringerung der Schadstoffbelastung für die Umwelt, ist ein erhöhtes Bewusstsein für Energieeinsparung im Gebäudebestand in der Zukunft unabdingbar.

Literaturverzeichnis

ASUE: EnEV Checkliste für bestehende Gebäude, Kaiserslautern: 2002

Balkowski, Michael: in RWE Energie Bau-Handbuch,12. Ausgabe, Heidelberg: Energie Verlag 1998

Böhning, Jörg: Altbaumodernisierung im Detail – Konstruktionsempfehlungen, 4. Auflage, Köln: Rudolf Müller Verlag, 2002

BMWA: Energiedaten 2003 Nationale und internationale Entwicklung – Zahlen und Fakten

DENA – Deutsche Energieagentur: Modernisierungsratgeber Energie – Kosten sparen – Wohnwert steigern – Umwelt schonen, Berlin: 2003

Dirk, Rainer: Energieeinsparverordnung 2002, Schritt für Schritt – Erläuterung – Beispiele- Excel-Berechnungsblätter, Düsseldorf: Werner Verlag 2002

Ebel, Witta; Steinmüller, Bernd: Wärmedämmung und Energieeinsparung im Fassadenbereich, 1. Auflage, Darmstadt: IWU 1999

Enseling, Andreas: Leitfaden zur Beurteilung der Wirtschaftlichkeit von Energiesparinvestitionen im Gebäudebestand, o.O.: Wohnen und Umwelt Verlag 2003

Götze, Uwe; Bloech, Jürgen: Investitionsrechnung – Modelle und Analysen zur Beurteilung von Investitionsvorhaben, 3. Auflage, Berlin: Springer Verlag 2002

Grobe, Carsten: Passivhäuser planen und bauen – Grundlagen, Bauphysik, Konstruktionsdetails, Wirtschaftlichkeit, München: Callwey Verlag, 2002

Gütegemeinschaft NEH e.V.: Niedrigenergie-Häuser mit RAL-Gütezeichen

Haas-Arndt, Doris: Altbauten sanieren – Energie sparen, o.O.: Solarpraxis 2008

Hegner, Hans-Dieter; Vogler, Ingrid: Energieeinsparverordnung EnEV – für die Praxis kommentiert – Wärmeschutz und Energiebilanzen für Neubau und Bestand – Rechenverfahren, Beispiele und Auslegungen für die Baupraxis, Berlin: Ernst & Sohn Verlag 2002

Herzog, F., Herzog, R.: Bauen heute – Altbauten, Neubauten und Bewertungskriterien, Wien: Springer Verlag 2006

Jagnow, Kati; Horschler, Stefan; Wolff, Dieter: Die neue Energieeinsparverordnung 2002 – Kosten- und verbrauchsoptimierte Gesamtlösungen, Köln: Deutscher Wirtschaftsdienst Verlag 2002

Kleemann, Michael: Regenerative Energiequellen, Berlin: Springer Verlag 2000

Landesgewerbeamt Baden-Württemberg – Informationszentrum Energie: Photovoltaik – Architektonische Gebäudeintegration, 6. Auflage, Stuttgart 2003

Ladner, Heinz: Vom Altbau zum Niedrigenergiehaus – Energetische Gebäudesanierung in der Praxis, 1. Auflage, Staufen bei Freiburg: Ökobuch Verlag 1997

Liersch, Klaus W.; Langner, Normen: ENEV-Praxis – Die neue Energieeinsparverordnung: leicht und verständlich dargestellt, 1. Auflage, Berlin: Bauwerk Verlag 2002

Maier, Kurt M.: Risikomanagement im Immobilienwesen, Frankfurt: Fritz Knapp Verlag 1999

Ministerium für Umwelt, Landwirtschaft und Forsten:

- Energieeinsparung an Fenstern und Außentüren, Wiesbaden 2001
- Kontrollierte Wohnungslüftung - Wissenswertes über Abluftanlagen und Anlagen mit Wärmerückgewinnung, Wiesbaden 2002
- Niedertemperatur- und Brennwertkessel – Wissenswertes über moderne Zentralheizungsanlagen, Wiesbaden 2002
- Wärmebrücken – Ursachen und Auswirkungen, Hinweise zur Verringerung und Vermeidung, Wiesbaden 2001
- Wärmedämmung von Außenwänden mit dem Wärmedämmverbundsystem (Thermohaut) - Wissenswertes über die Außenwanddämmung bei Alt- und Neubauten, Wiesbaden 2001
- Wärmedämmung von Außenwänden mit der hinterlüfteten Fassade - Wissenswertes über die Außenwanddämmung bei Alt- und Neubauten, Wiesbaden 2002
- Wärmedämmung von Außenwänden mit der Innendämmung – Wissenswertes über die Außenwanddämmung bei Alt- und Neubauten, Wiesbaden 2001
- Wärmedämmung von geneigten Dächern – Wissenswertes über den Wärmeschutz im Dach, Wiesbaden 2002

Olfert, Klaus: Investition, 8. Auflage, Ludwigshafen: Friedrich Kiehl Verlag 2001

Pflaumer, Peter: Investitionsrechnung, 4.Auflage, München: Oldenbourg Verlag 2000

Schulte, Karl Werner; Bone-Winkel, Stefan; Thomas, Matthias: Handbuch Immobilien-Investition, Köln: Rudolf Müller Verlag 1998

Schulte, Karl Werner; Bone-Winkel, Stefan: Handbuch Immobilien-Projektentwicklung, 2.Auflage, Köln: Rudolf Müller Verlag 2002

Siepe, B.: Überblick über die Dämmsysteme für die Außenwand, Berlin: Springer Verlag 1999

Usemann, Klaus W.: Die neue Wärmeschutzverordnung (WSVO) für Gebäude – Grundlagen, Auswirkungen, Probleme und Schwachstellen, Wege und Lösungen bei der Anwendung der neuen Wärmeschutzverordnung, München: Oldenbourg Verlag 1995

Weglage, A.: Energieausweis – Das große Kompendium, Wiesbaden, Vieweg + Teubner Verlag 2007

WWF: Klimaschutz in Deutschland, Häuser fürs Klima 1997

Internetquellen:

Airoptima GmbH
http://www.airoptima.de/8.html

Bundesanstalt für Geowissenschaften und Rohstoffe
http://www.bgr.bund.de/DE/Themen/CO2-Speicherung/Bilder/faq__3__g, property=default.jpg

Bundesamt für Wirtschaft und Ausfuhrkontrolle:
http://www.bafa.de/1/aufgaben/energie/espa.htm

Bundesministerium für Wirtschaft und Energie
http://www.bmwi.de/BMWi/Navigation/Energie/energiestatistiken.html

Deutsche Energie Agentur: www.thema-energie.de/media/article002516/PrimaerenergieverbrauchDT_600.jpg

EUB – Energie- und Umweltberatung
www.umwelt-beratung.de

Impuls-Programm:
- http://www.impulsprogramm.de

Kreditanstalt für Wiederaufbau:
- http://www.kfw-formularsammlung.de/Konditionen/Ausgabe_ Programmgruppe_6.html

Programm zur Solarstromförderung
http://www.100000daecher.de/details.html

Wikipedia
http://de.wikipedia.org/wiki/Nutzungsgrad

Weiterführende Internetseiten zum Thema:

Arbeitsgemeinschaft für sparsamen und umweltfreundlichen Energieverbrauch e.V.

www.asue.de

BINE Informationsdienst

www.bine.info

Bundesverband für Verkehr-, Bau- und Wohnungswesen:

www.bwvbw.de

Bundesministerium für Wirtschaft und Technologie:

www.bmwi.de

Bundesministerium für Umwelt:

www.bmu.de

Gesellschaft für rationelle Energieanwendung:

www.gre-online.de

Internet Portal: EnEV und Energiepass für Gebäude:

www.enev-online.de

Institut für Wohnen und Umwelt:

www.iwu.de

Deutsche Energie Agentur:

www.dena.de

Kreditanstalt für Wiederaufbau:

www.kfw.de

Statistisches Bundesamt

www.destatis.de